SHIYONG XIDIJI PEIFANG YU ZHIBEI 200 LI

实用洗涤剂配方与制备200例

李东光　主编

化学工业出版社

·北京·

内 容 简 介

本书共收集200例洗涤剂产品配方，涉及衣用洗涤剂、织物洗涤剂、果蔬洗涤剂、餐具洗涤剂、厨房洗涤剂等，对原料配比、制备方法、产品应用及产品特性进行了详细介绍。

本书可供从事洗涤剂研发、生产、应用的（如日化工业、洗衣业、工业清洗业等）人员参考。

图书在版编目（CIP）数据

实用洗涤剂配方与制备200例/李东光主编. —北京：化学工业出版社，2021.10（2023.1重印）
ISBN 978-7-122-39662-4

Ⅰ.①实… Ⅱ.①李… Ⅲ.①洗涤剂-配方②洗涤剂-制备 Ⅳ.①TQ649.6

中国版本图书馆CIP数据核字（2021）第157102号

责任编辑：张 艳　　文字编辑：姚子丽 师明远
责任校对：刘 颖　　装帧设计：王晓宇

出版发行：化学工业出版社（北京市东城区青年湖南街13号 邮政编码100011）
印 装：天津盛通数码科技有限公司
710mm×1000mm 1/16 印张10 字数183千字 2023年1月北京第1版第4次印刷

购书咨询：010-64518888　　售后服务：010-64518899
网 址：http://www.cip.com.cn
凡购买本书，如有缺损质量问题，本社销售中心负责调换。

定 价：59.80元　

前言

洗涤剂是当今社会必不可少的一类生活用品。相比于肥皂等碱性洗涤品，洗涤剂具有更温和的效果。

如今，洗涤剂用品已经成为大众日常生活的必备品，随着科技的进步及人们生活水平的提高，消费者对于洗涤剂产品的需求也不断升级。总体来说，节能高效、绿色安全、使用方便是目前洗涤剂产品的主流发展方向。我国轻工业“十三五”规划已经明确指出，要推动洗涤用品工业向绿色安全、多功能方向发展，加强产品的专用化区分，加快液体化和浓缩化步伐，促进使用过程节水化。

① 浓缩化。随着资源消耗的日益加剧和原材料成本的不断上涨，浓缩化已经成为液体洗涤剂最主要的发展趋势之一，浓缩化的洗涤剂产品可以降低能源消耗，减少仓储空间及包装、运输成本，而且浓缩化的洗衣液可被制造成洗衣凝珠等方便携带的产品形式。

② 绿色化。鉴于人们对化学品安全性的担忧，近年来，越来越多的消费者倾向于选择使用“绿色健康”制品。洗涤剂作为一种日用化学品，其生产原料多依赖于化学合成，因而，对于洗涤剂的绿色升级无疑是洗涤剂领域的一大发展方向。

③ 低温化。低温洗涤对于降低能源消耗有着重要的意义。通常，低温（或冷水）约为18℃，温水约为31℃，低温的洗涤条件对洗涤剂提出了更高的要求：洗涤剂必须在低温时仍然保持良好的溶解度和分散性，并且具有较高的洗涤去污能力。因此，寻求具有低Krafft点的表面活性剂及如何降低表面活性剂的Krafft点，是低温洗涤剂研发的重点问题之一。

面对全球资源匮乏及民众节能环保意识的增强，推广应用节能环保、绿色高效的洗涤剂势在必行。一方面，从生产流程上看，洗涤剂需要更加环保无污染，能源消耗低，生产流程相对简单；另一方面，从大众消费上看，洗涤剂的用量要少，但同时效果要好，这就对技术的革新提出了更高的要求。

目前，我国国内一些企业和研发机构相继投入到了浓缩、绿色、低温洗涤剂的研发和推广中，推出了一系列浓缩衣物洗涤剂、低温速溶洗涤剂等。为了适应这一趋势，进一步开发和应用适用于浓缩化、绿色化、低温化洗涤剂配方的表面活性剂迫在眉睫。在原料的选择方面，天然来源的可再生原材料颇具环境和社会意义。另外，现代生物技术也为洗涤剂的技术创新提供了更多、更好的选择。

为满足有关单位技术人员的需要，我们编写了本书，书中收录了近年的新产品、新配方，详细介绍原料配比、制备方法、产品特性等。可供从事化妆品科研、生产、销售人员参考。

本书的配方以质量份数表示，在配方中有注明以体积份数表示的情况下，需注意质量份数与体积份数的对应关系，例如质量份数以 g 为单位时，对应的体积份数单位是 mL，质量份数以 kg 为单位时，对应的体积份数单位是 L，以此类推。

需要请读者们注意的是，我们没有也不可能对每个配方进行逐一验证，所以读者在参考本书进行试验时，应根据自己的实际情况本着先小试后中试再放大的原则，小试产品合格后才能往下一步进行，以免造成不必要的损失。

本书由李东光主编，参加编写的还有翟怀凤、李桂芝、吴宪民、吴慧芳、蒋永波、邢胜利、李嘉等，由于编者水平有限，错漏在所难免，请读者使用过程中发现问题及时指正。主编的 E-mail 地址为 ldguang@163.com。

主编

2021. 10

目录

衣用洗涤剂

配方 1 保护衣物用清洗剂

原料配比

原料	配比(质量份)		
	1#	2#	3#
柠檬烯	28	30	33
脱臭煤油	43	48	51
琥珀酸二酯磺酸钠	3	4.5	5.2
脂肪醇聚氧乙烯醚硫酸钠(AES)	2	3.3	3.7
月桂酸二乙醇酰胺	1.3	2	2.2
脂肪酸甘油酯	0.5	0.8	1
草酸	0.2	0.3	0.4
羊毛脂	1.2	1.7	2

制备方法 先将柠檬烯和脱臭煤油加入搅拌器中，搅拌均匀后依次加入琥珀酸二酯磺酸钠、脂肪醇聚氧乙烯醚硫酸钠、月桂酸二乙醇酰胺、脂肪酸甘油酯、草酸和羊毛脂，搅拌混合均匀直至透明，即得成品。

产品特性 本品可以轻松去除衣物表面的油脂、烟渍、口红、菜渍、沥青、胶带残留物等污渍，而不损伤衣物本身和衣物表面的色彩，并且还可以用于去除地毯、地板、墙壁上的污渍。本品能够轻松去除较长时间的污渍残留。

配方 2 表面洗涤剂

原料配比

原料	配比(质量份)		原料	配比(质量份)	
	1#	2#		1#	2#
硫酸酯盐型阴离子表面活性剂	20	35	丙烯酸的聚合残基	3	6
异构十醇聚氧乙烯醚	3	8	氯化钙	1	1
聚乙烯吡咯烷酮	1	2	淀粉酶	0.5	1.5
三乙醇胺	2	2	乙醇	25	30

制备方法

(1) 在常温下将下列物质加入反应釜：硫酸酯盐型阴离子表面活性剂、异构十醇聚氧乙烯醚，加入后进行搅拌，搅拌过程中进行加热，加热温升为3℃/min，搅拌时间为25min，加热最高温度为70℃；

(2) 搅拌过后，将下列物质加入反应釜中：聚乙烯吡咯烷酮、三乙醇胺，然后将上述物质在20～45℃下进行搅拌，搅拌时间在35～45min；

(3) 搅拌后静置，静置时间大于为50min，静置后冷却，冷却温度为0～5℃，温降速度为2～4℃/min；

(4) 向冷却后的混合物内加入下列物质：丙烯酸的聚合残基、氯化钙，然后在低温环境下进行搅拌，搅拌温度低于5℃，搅拌后静置25～40min，静置后进行加热，加热时间为50min，加热温度为60～70℃；

(5) 加热后继续加入下列物质：淀粉酶和乙醇，然后进行搅拌，搅拌温度为30～40℃，搅拌时间不少于50min；

(6) 搅拌后进行静置，静止时间大于30min。

产品特性 本品能够快速且彻底地去除附着于衣物上的油污、汗渍及其他污染物等，从而提高对普通衣物的洗涤效率；另外本品对于用于洁净室操作的无尘服的洗涤效果也优良，能够提高对无尘服的洗涤效率，从而提高对无尘服的利用次数。

配方3 超浓缩衣用洗涤剂

原料配比

原料	配比(质量份)		
	1#	2#	3#
脂肪醇聚氧乙烯醚	30	40	50
脂肪酸甲酯磺酸钠(MES)	25	20	10
乙醇	25	20	5
蛋白酶	0.1	1	2
增溶剂	2	4	10
凯松防腐剂	0.1	0.1	0.1
三乙醇胺	1	1.5	5
柠檬酸	少许	少许	少许
香精	少许	少许	少许
水	16.5	13	7

制备方法

(1) 按上述各组分质量配比备料；

(2) 向配制罐中加入溶剂，并进行加热，温度控制在50～60℃，然后加入脂肪醇聚氧乙烯醚，搅拌至完全溶解；

（3）在搅拌的情况下，加入脂肪酸甲酯磺酸钠，直至溶解完全；

（4）停止加热，加入三乙醇胺、柠檬酸和增溶剂，搅拌5～10min；

（5）在持续搅拌的情况下，加入水、凯松防腐剂和少许香精；

（6）在低速搅拌条件下，加入蛋白酶，搅拌10～15min；

（7）半成品进行陈化处理；

（8）抽样检测、成品包装。

原料介绍　所述脂肪醇聚氧乙烯醚为直链或支链脂肪醇的乙氧基化物，EO的平均加成数为6～10。

溶剂为乙醇、乙二醇或丙二醇，或乙醇、乙二醇和丙二醇的混合物。

增溶剂为烷基吡咯烷酮。

产品应用　本品主要应用于棉、麻、尼龙、涤纶等衣物面料日常清洗。

产品特性

（1）本品为一种含MES超浓缩衣用液体洗涤剂，不仅用天然可再生资源衍生且环境相容性好的MES作为主表面活性剂，而且通过特殊的操作工艺配制成总活性物高于60%的五倍超浓缩液体洗涤剂，而且添加有酶制剂，并采用酶稳定技术，全面提高液体洗涤剂的洗涤性能和性价比，同时产品具有理想的货架寿命。

（2）本品是低黏度的乳状液体，配方中无磷、无荧光增白剂，符合家用洗涤剂环境标志产品技术要求。具有工艺简单、制备方便、易于批量生产等特点，可广泛应用于各种衣物的常温洗涤，手洗和机洗皆宜，而且手洗不伤手。

配方4　低碱性衣物洗涤剂

原料配比

原料	配比(质量份)		
	1#	2#	3#
十二烷基苯磺酸钠	11	13	12
羧甲基纤维素	1.6	1.8	1.7
菜籽油脂肪酸二乙醇胺	1.5	1.3	1.4
硅油消泡剂	0.1	0.08	0.09
三聚磷酸钠	8	10	9
尿素	2.5	3	2.8
月桂醇聚氧乙烯醚硫酸钠	11	9	10
香精	0.25	0.3	0.27
脂肪醇聚氧乙烯醚磷酸钠	0.8	0.55	0.7
水	加至100	加至100	加至100

制备方法 将各组分溶于水混合均匀即可。

产品应用 本品主要应用于丝绸衣物洗涤。

产品特性 本洗涤剂性能温和，为低碱性，使用本洗涤剂洗涤丝绸衣物面料、轻薄衣物面料和其他高档衣物面料时不会损伤这些衣物面料，并可有效去除这些衣物面料上的污渍。本品制备工艺简单，成本低廉，洗涤后的衣物留有芳香气味，对人体无毒无害，适合广泛推广使用。

配方 5 低泡沫易漂洗清洗剂

原料配比

原料	配比(质量份)		
	1#	2#	3#
十二烷基二甲苄基氯化铵	28	25	30
沸石	25	20	30
荧光增白剂	4	3	5
椰油酸钠	19	18	20
蛋白酶	9	8	10
高锰酸钾	20	15	25
氯化钙	4	3	6
去离子水	30	20	35
一水过硼酸钠	15	15	18

制备方法 将各组分原料混合均匀即可。

产品特性 本品节水性能好，可以节省大约 1/3 的漂洗用水；抗硬水性能好；高低温稳定性好；贮存稳定性好；具有较强的去污、乳化、脱脂、低泡性能，同时具有良好的节水功能；易降解，降低了对环境的污染。

配方 6 多功能液体洗涤剂

原料配比

原料	配比(质量份)	原料	配比(质量份)
液态椰油脂肪酸钾皂(皂基)	15～20	水溶性高分子聚合物	1～3
烷基糖苷(APG)	5～10	竹醋液	2～6
醇醚羧酸盐	2～4	聚天冬氨酸钠	适量
茶皂素	1～2	香精	适量
无患子提取液	2～4	去离子水	加至 100

制备方法

(1) 先将配制总量 1/2 的去离子水加入搅拌釜内，搅拌下加入适量的聚天冬氨酸钠搅拌溶解均匀，使釜内水温升至60℃左右，加入液态椰油脂肪酸钾皂，搅拌至完全溶解；

(2) 再按配比加入所需表面活性剂，依次加入茶皂素、醇醚羧酸盐、无患子提取液、水溶性高分子聚合物烷基糖苷，搅拌均质60min左右并降温至40℃以下；

(3) 取步骤(2)所得混合物的1/3置于另一均质搅拌釜内，将所需香精滴加到釜内进行O/W型微乳化香精配制，然后将配制好的香精微乳化液加回到原来的搅拌釜内，和原2/3混合物混合，再加入竹醋液、剩余去离子水搅拌均质30min左右，并调整pH值在标准规定之内，静置沉淀后灌装。

原料介绍 皂基的分析选用，钠皂是高碳脂肪酸的钠盐，比较硬，不易溶解，钾皂是高碳脂肪酸的钾盐，比较软，易溶于水中，不会凝冻，这是因为皂基中的钾离子比钠离子更容易离解，因此，钾肥皂的水溶性当然也比钠肥皂的高。本品采用了一种液态椰油脂肪酸钾皂为主要原料，便于配制，它具有优越的洗净效果，能够带给肌肤爽洁、舒适的感觉，有优越的去污能力，能快速起泡，也有抑制泡沫过多的效果。

本品配方中聚天冬氨酸钠与液态椰油脂肪酸钾皂配伍使用，聚天冬氨酸钠是一种人工仿生合成的水溶性高分子物质，因含有肽键和羧基等活性基团的结构特点，具有极强的螯合、分散、吸附等作用，同时具有无磷、无毒、无公害和可完全生物降解的特性，是一种国际公认的“绿色化学品”。

本品采用多种表面活性剂和水溶性高分子聚合物复配使用，去污力更强、泡沫适中、易漂洗，利用微乳加香技术使留香更持久，是一种能把消、洗、护功能结合起来的较好的洗涤衣物产品。

竹醋液是一种纯植物消毒剂，与传统的化学消毒剂不同，是天然竹材炭化时所得的酸性液体产物，其所含的酯类渗透力强，可将营养成分补充到皮肤深处，所含的醋酸可软化皮肤角质层，对皮肤清洁保养具有良好功效，且无毒副作用，对人畜完全无害，是十分理想的消毒抑菌剂，可以广泛应用于各种公共场所。

另外无患子提取液是一种天然的非离子型表面活性剂，纯天然产品，具有很强降低表面张力的作用，洗洁性能良好，有杀菌消炎、去屑止痒、祛斑祛痘等功效；和竹醋液复配共用使复合液态皂的消毒抑菌效果得到了加强和提高。

产品特性 本品是通过选用低碳环保的优质原料与天然植物皂基复配制备的绿色环保多功能液体洗涤剂，有良好手感并具有消毒、抑菌、护肤的功效，低泡沫、高效能，洗涤衣物易漂洗，配方采用微乳化香精技术，清香飘逸，香味更持久，是一款绿色、环保、安全的多功能洗涤产品。

配方 7　多用途油污洗涤剂

原料配比

原料	配比(质量份)				
	1#	2#	3#	4#	5#
丙烯酸	8	9	8	11	12
烷基磷酸酯	6	7	—	9	10
烷基芳基磺酸钠	6	7	8	9	10
三羟乙基甲基季铵甲基硫酸盐	4	5	6	7	8
十二烷基硫酸钠	4	5	6	7	8
茶籽粉	2	3	4	5	6
茶树油	1	2	3	4	5
壳聚糖-石墨烯复合材料	0.6	0.5	0.3	0.2	0.5
去离子水	80	90	100	110	120

制备方法　将各原料混合后搅拌均匀即得。

原料介绍　茶籽粉富含天然茶皂素，能迅速去除污渍，去油、去污能力非常强，更具有杀菌的功能。茶籽粉中含有15%～18%的茶皂素。茶皂素是一种天然非复方型表面活性剂，其有良好的乳化、分解、发泡、湿润功能，有很好的去污作用。

壳聚糖-石墨烯复合材料具有较大的比表面积，壳聚糖和石墨烯之间具有增强的协同作用；壳聚糖-石墨烯复合材料与茶籽粉、茶树油等原料协同作用能有效提高本品的去污能力和去污速度。

产品应用　本品主要应用于棉绒、纤维、丝绸等各种衣服的清洗。同时也可用于金属部件、排油烟灶、瓷砖墙壁、塑胶材料等上的食用油、机油或其他油污的清洗。

产品特性　本品配方合理，能有效清除衣服上油污，去油污效果好，且去污能力强，泡沫少，不伤衣物，具有无刺激性、无毒性，不伤皮肤，符合环保要求。

配方 8　防霉抑菌中药洗涤剂

原料配比

原料	配比(质量份)		
	1#	2#	3#
防霉抑菌功效成分	2	12	22
脂肪醇聚氧乙烯醚硫酸钠	15	10	5

续表

原料		配比(质量份)		
		1#	2#	3#
脂肪醇聚氧乙烯醚-9		5	10	15
脂肪醇聚氧乙烯醚-7		3	2	1
水		加至100	加至100	加至100
防霉抑菌功效成分	灵香草提取物	4		
	满天星提取物	1		
	苦参提取物	1		
	荆芥提取物	1		
	防风提取物	1		

制备方法 将各组分溶于水混合均匀即可。

原料介绍 所述的灵香草，是报春花科草本植物，其提取物具有抗病杀菌、防霉防蛀的作用。

所述的满天星，属石竹科多年生宿根草本植物，其提取物经研究发现有很好的抑菌消炎作用。

所述苦参，为豆科苦参属植物，苦参提取物对金黄色葡萄球菌、红色毛癣菌、同心性毛癣菌、许兰毛癣菌、奥杜盎小芽孢癣菌等有抑制作用。

所述荆芥，是唇形科植物，具有抗菌和抗炎作用，荆芥提取物对金黄色葡萄球菌和白喉杆菌有较强的抗菌作用，此外，对炭疽杆菌、乙型链球菌、伤寒杆菌、痢疾杆菌、绿脓杆菌（铜绿假单胞菌）和人型结核杆菌等有一定的抑制作用。

所述防风，属伞形科植物，有杀菌止痒的效果。

产品特性 本品在洗涤剂总组合物中加入的是从天然植物中药所提取出的具有活性成分的物质，不仅能够抑制衣物细菌和霉菌生长，同时可以降低洗涤剂的刺激性，不易引起衣物的破损、腐烂及残留化学防腐剂刺激皮肤；使用安全可靠，制作简便。

配方9 防衣物缩水洗涤剂

原料配比

原料	配比(质量份)		
	1#	2#	3#
表面活性剂	15	30	20
1-甲基-1-油酰胺乙基-2-油酸基咪唑啉硫酸甲酯铵	1	2	1.5
烷基糖苷	1	4	2
皂粉	0.5	2	1

续表

原料	配比(质量份)		
	1#	2#	3#
鱼腥草提取物	1	3	2
防腐剂	0.2	0.5	0.3
增稠剂	1	2	1.5
柠檬酸钠	0.5	1	0.8
无水氯化钙	0.01	0.05	0.04
荧光增白剂	0.02	0.5	0.3
抗皱剂	0.6	4	3
酶制剂	0.6	1.2	1
竹叶黄酮	0.005	0.03	0.01
去离子水	加至100	加至100	加至100

制备方法 将各组分溶于水混合均匀即可。

原料介绍 所述抗皱剂为丁烷四羧酸、柠檬酸、马来酸、聚马来酸和聚合多元羧酸中的至少一种。

产品特性 本品价格低廉，能够满足人们对一些易缩水衣物的洗涤，防止衣物变形影响穿着，令衣物鲜亮、干净。

配方10 改进的高效去污洗涤剂

原料配比

原料	配比(质量份)		
	1#	2#	3#
天门冬氨酸	30	20	35
异构十醇聚氧乙烯醚	5	3	8
聚乙烯吡咯烷酮	1.5	1	2
N,*N*-二乙基-3-甲基苯甲酰胺	2	2	2
丙烯酸的聚合残基	4	3	6
伯醇聚氧乙烯醚	1	1	1
淀粉酶	0.8	0.5	1.5
乙醇	28	25	30

制备方法 将各组分混合均匀即可。

产品应用 本品主要应用于一般衣物及消防服的洗涤。

产品特性 本品具有较强的去污、乳化、脱脂、低泡性能，同时具有良好的节水功能，清洁、节水一次完成，节约了使用成本且无毒、无刺激；增强了污垢的分散和悬浮能力，能将物品表面上脱落下来的液体油污乳化成小油滴而分散悬浮于水中；非离子表面活性剂协同两性表面活性剂作用，增加了其在水中的稳定性，能阻止污垢再沉积于衣物表面；能显著消除漂洗期间的泡沫，减少漂洗次数，达到节水和高效去污的目的。

配方 11　改进的节水清洗剂

原料配比

原料	配比(质量份)		
	1#	2#	3#
月桂基硫酸铵	29	20	35
异构十醇聚氧乙烯醚	5	3	8
聚苯乙烯	2.5	1	3
大叶胺提取物	11	9	12
丙烯酸乙酯	37	35	40
环氧乙烷	5	3	8
甘油	22	15	25
蔗糖脂肪酸酯	38	25	40

制备方法　将各组分原料混合均匀即可。

产品应用　本品主要用于一般衣物及消防服的洗涤。

产品特性　本品成本低廉、使用安全。本品具有较强的去污、乳化、脱脂、低泡性能，同时具有良好的节水功能，节约了使用成本且无毒、无刺激；增强了污垢的分散和悬浮能力，能将物品表面上脱落下来的液体油污乳化成小油滴而分散悬浮于水中；非离子表面活性剂协同两性表面活性剂作用，增加了其在水中的稳定性，能阻止污垢再沉积于衣物表面；能显著消除漂洗期间的泡沫，减少漂洗次数，达到节水和高效去污的目的。

配方 12　改进的抗静电洗涤剂

原料配比

原料	配比(质量份)	原料	配比(质量份)
柠檬精油	6～13	氯化镁	7～10
十二烷基苯磺酸钠	5～9	脂肪酰胺磺酸钠	7～11
羟乙基纤维素	6～10	防腐剂	2～6
单油酸脱水山梨糖醇酯	4～11	椰油脂肪酸	6～10
双十八烷基二甲基氯化铵	8～13	80% AES-3	9
脂肪醇聚氧乙烯醚	2～6	水	62

制备方法　将各组分溶于水混合均匀即可。

产品特性 本品能够在清洗后很好地减少静电现象，并且去污彻底，泡沫少，易清洗。

配方 13 改进的浓缩清洗剂

原料配比

原料		配比(质量份)		
		1#	2#	3#
山梨醇		17	15	22
食用碱和苎烯的混合物		2.5	1	4
椰油酰胺丙基羟磺基甜菜碱		14	10	14
十水碳酸钠		1	1	3
双氧水		3	1	5
酶稳定剂和蛋白酶的混合物		0.5	0.5	1
甘油		24	16	24
壳聚糖		15	15	22
食用碱和苎烯的混合物	食用碱	3	3	3
	苎烯	4	4	4
酶稳定剂和蛋白酶的混合物	酶稳定剂	0.5	0.5	0.5
	蛋白酶	1.5	1.5	1.5

制备方法 将各组分原料混合均匀即可。

产品应用 本品主要是一种改进的浓缩清洗剂。

产品特性 本品制备过程中不会出现凝胶现象，易倾倒、计量准确、使用方便；低温储存效果好，去污性能很强。

配方 14 改进的强力衣物清洗剂

原料配比

原料	配比(质量份)		
	1#	2#	3#
二氯异氰尿酸钠	21	15	25
复合磷酸盐	17	15	20
聚氧乙烯醚硫酸盐	15	15	20
硅酸钠盐	4	2	6
单乙醇胺和三乙醇胺的混合物	4	3	5
果胶酶和氧化酶的混合物	2.5	1	3
二聚乙二醇单乙醚	25	20	25
乙醇	25	25	30

续表

原料		配比(质量份)		
		1#	2#	3#
单乙醇胺和三乙醇胺的混合物	单乙醇胺	1.5	1.5	1.5
	三乙醇胺	2	2	2
果胶酶和氧化酶的混合物	果胶酶	2	2	2
	氧化酶	3	3	3

制备方法 将各组分原料混合均匀即可。

产品特性 本品能够快速且彻底地去除附着于衣物上的油污、汗渍及其他污染物等，从而提高对普通衣物的洗涤效率。另外，本品用于洁净室操作的无尘服的洗涤时效果也优良，能够提高对无尘服的洗涤效率，从而提高对无尘服的利用次数。

配方 15 改进的羽绒服洗涤剂

原料配比

原料	配比(质量份)		原料	配比(质量份)	
	1#	2#		1#	2#
脂肪醇聚氧乙烯醚	6	13	植物精油	4	10
柠檬酸	5	7	柠檬酸钠	3	9
脂肪酸甲酯乙氧基化物	6	11	硅酸钠	4	8
天竺葵	4	8	谷氨酰胺	5	10
白芷	2	6	醇醚羧酸盐	2	6
珍珠粉	1	5	脂肪醇聚氧乙烯醚硫酸钠	4	9
大青叶	4	9	十二烷基聚氧乙烯醚	7	12
桂枝	1	4			

制备方法 将上述原料送入搅拌容器中，搅拌均匀即可。

产品特性 本品具有很好的去污性能，泡沫少，易清洗，同时不会影响羽绒的保温性。

配方 16 高效去污清洗剂

原料配比

原料	配比(质量份)		
	1#	2#	3#
磷酸钠	22	20	25
支链烷基糖苷	9	8	10

续表

原料	配比(质量份)		
	1#	2#	3#
端羟基预聚体	3	2	5
辛基葡糖苷	6	5	8
聚丙烯酸钠	3.5	3	5
碱性脂肪酶	5	4	7
茶皂素	2	2	3
三氟三氯乙烷	18	15	20
乙醇	18	15	20

制备方法 将各组分原料混合均匀即可。

产品特性 本品节水高效、洗涤效果好，而且成本低廉、安全环保。本品利用支链烷基糖苷和茶皂素对碱性脂肪酶的活性增强作用，通过在洗涤剂中添加支链烷基糖苷和茶皂素，增强去污效果；使用成本低、来源广的支链烷基糖苷和茶皂素，以较低的附加成本实现较好的去污效果；对人体健康无害，对环境亦无污染，具有安全、环保等优点。

配方 17 高效洗涤剂

原料配比

原料	配比(质量份)		
	1#	2#	3#
羧酸盐衍生物	28	15	45
脂肪酸二乙醇酰胺	6	2	8
柠檬酸钠	1.5	1	1.2
脂肪醇聚氧乙烯醚	14	13	16
丙烯酸 C_1～C_4 烷基酯	32	30	35
甘油	22	15	25
乙醇	35	30	32

制备方法 将各组分原料混合均匀即可。

产品应用 本品主要应用于一般衣物及消防服的洗涤。

产品特性 本品具有较强的去污、乳化、脱脂、低泡性能，同时具有良好的节水功能，清洁、节水一次完成，节约了使用成本且无毒、无刺激；增强了污垢的分散和悬浮能力，能将物品表面上脱落下来的液体油污乳化成小油滴而分散悬浮于水中；非离子表面活性剂协同两性表面活性剂作用，增加了其在水中的稳定性，能阻止污垢再沉积于衣物表面；能显著消除漂洗期间的泡沫，减少漂洗次数，达到节水和高效去污的目的。

配方 18　功能糖活性酶生物洗涤剂

原料配比

原料	配比(质量份)
AES	20
APG	6
十二烷基二甲基甜菜碱(BS-12)	6
柠檬酸钠	5
乳酸	适量
乳酸钠	2
甘露寡糖(MOS)	0.5
微生态活化剂	8
H_2O_2 溶液	2
水	46

原料		配比(质量份)
微生态活化剂	壳聚糖	0.5
	柠檬酸	1.5
	菠萝汁	17.6
	中性蛋白酶	0.2
	生熟料酒曲	0.2
	蔗糖汁	30
	水	50

制备方法

(1) 所述微生态活化剂的配制工艺：依上述比例用水溶解柠檬酸，放入壳聚糖，搅拌溶解至无颗粒透明状壳聚糖溶液，再加入菠萝汁、蔗糖汁、中性蛋白酶、生熟料酒曲，搅拌 10min 后密闭发酵 48h 后过滤，去掉滤渣，取其滤液，即微生态活化剂。

(2) 功能糖活性酶生物洗涤剂的配制工艺：依上述比例将 AES 加入复配罐中，加入水搅拌均匀，再加入微生态活化剂，搅拌 5～10min 后加入水继续搅拌 8～10min，然后再加入微生态活化剂，搅拌 3～5min，将余水放入复配罐中，继续搅拌 8～10min，静置 10min 后，再加入 BS-12、APG，搅拌 10min，然后加入柠檬酸钠、乳酸钠、甘露寡糖（MOS），搅拌 15min，启动均质机，加入 H_2O_2 溶液，均质乳化 10min 后，用乳酸调 pH 值（6～7），然后放入陈化桶，陈化 48h 后再灌装。

产品特性

(1) 功能糖活性酶生物洗涤剂由于含有甘露寡糖（MOS），抗病菌、病毒，酶活性增高，浸泡衣物不发臭。而化学合成洗涤剂，浸泡衣物久时由于腐败菌多，衣物散发酸臭味，尤其是夏天更为明显。

(2) 本品由于含有壳聚糖，能快速絮凝净化污水，排出洗涤水还能净化环境污水，而化学合成洗涤剂易污染、破坏水体环境，滋生细菌。

(3) 功能糖活性酶生物洗涤剂生物相容性好，易于生物降解衣物污垢，省水节电，与化学洗涤剂对比可节约洗涤用水 50%以上。

配方 19 海洋藻类酵素洗涤剂

原料配比

原料	配比(质量份)		
	1#	2#	3#
藻类酵素	2	2	3.5
植物表面活性剂	10	10	15
壳聚糖	0.8	0.5	1
香精	0.3	0.3	0.5
去离子水	加至100	加至100	加至100

制备方法

(1) 按比例将20～30℃去离子水中加入配比量的藻类酵素中，搅拌乳化均匀，得到混合液A；

(2) 在混合液A中加入配比量的植物表面活性剂，搅拌混合均匀得到混合液B；

(3) 向混合液B中加入配比量的壳聚糖与香精，并搅拌至均匀后，得到海洋藻类酵素洗涤剂。

其中所含藻类酵素的制备包括以下的步骤：

(1) 将绿藻、红藻和褐藻按1∶1∶2的量清洗、晾干、除菌；

(2) 将处理好的海藻放进30～35℃的恒温发酵罐中，按海藻和白糖1∶2的比例加入白糖，搅拌混合均匀，发酵10～15d后得到藻类酵素；

产品特性 本品海洋藻类酵素洗涤剂，富含植物精华，使衣服更柔顺，在去除污渍的同时不损伤织物纤维，无任何化学成学，不损伤皮肤，其含有的植物精华素可保护皮肤。

配方 20 含高浓度无患子提取液的洗涤剂

原料配比

原料	配比(质量份)		
	1#	2#	3#
高浓度无患子提取液	70	65	69
脂肪醇聚氧乙烯醚硫酸钠	10	10	8
椰油脂肪酸	4	3	4
烷基糖苷	1.3	2	2
椰油酰胺丙基甜菜碱	3	4	5
柠檬酸	0.15	0.3	3
柠檬酸钠	0.15	0.29	0.3

续表

原料	配比(质量份)		
	1#	2#	3#
D-异抗坏血酸钠	0.4	0.5	0.5
三聚磷酸钠	0.15	0.2	0.2
乙二胺四乙酸二钠(EDTA-2Na)	0.2	0.3	0.3
甲基异噻唑啉酮	0.005	0.01	0.01
增稠组合物	适量	适量	适量
抗敏组合物	适量	适量	适量

制备方法

(1) 将高浓度无患子提取液置于容器中，开启搅拌，加入增稠组合物，加热至80℃；

(2) 加入脂肪醇聚氧乙烯醚硫酸钠、椰油脂肪酸，充分混合后，降至室温；

(3) 加入烷基糖苷、椰油酰胺丙基甜菜碱、抗敏组合物，搅拌15～30min；

(4) 加入D-异抗坏血酸钠、三聚磷酸钠、EDTA-2Na进行护色，护色时间为5～10min；

(5) 加入柠檬酸、柠檬酸钠调节pH值，最后加入甲基异噻唑啉酮，搅拌5～10min后，陈化，灌装，制得成品。

原料介绍 因为含有高浓度无患子提取液的洗涤剂在pH值较小时颜色较浅，在pH值较大时颜色较深，所以采用柠檬酸、柠檬酸钠来调节洗涤剂的pH值，使得洗涤剂的颜色适中，并保持pH值稳定。

产品特性

(1) 本品在洗涤剂中加入高浓度无患子提取液，其是非离子表面活性剂，大大减少了阴离子表面活性剂的使用量，降低了人工合成物的含量，从而降低了产品的黏度，保湿效果好，不滑腻，性能温和，对皮肤无刺激，天然无污染，是一种环境友好型产品。

(2) 本品在洗涤剂中加入增稠组合物，解决了因高浓度无患子提取液的加入而不易增稠的问题，保证了产品稠度适中，并且稠度不会随温度变化而改变，性能稳定，在增稠的同时能保持产品澄清；而不加增稠组合物的洗涤剂，则很难增稠，而且增稠过程中很容易出现析出沉淀、变色、浑浊等现象。

配方21 含有辛基酚聚氧乙烯醚的羊毛衫洗涤剂

原料配比

原料	配比(质量份)		
	1#	2#	3#
辛基酚聚氧乙烯醚	2	4	6

续表

原料	配比(质量份)		
	1#	2#	3#
正丁醇	3	1	2
季戊四醇	5	4	2
羧甲基纤维素钠	2	3	5
山梨酸钾	0.5	0.7	1
水	130	140	150

制备方法 将各组分投入容器中搅拌均匀，即可得到羊毛衫洗涤剂。

产品特性 本品含有辛基酚聚氧乙烯醚的羊毛衫洗涤剂降低了羊毛衫的收缩率。

配方 22 环保抗静电洗涤剂

原料配比

原料	配比(质量份)				
	1#	2#	3#	4#	5#
二甲苯磺酸钠	30	42	33	38	35
棕榈酸	5	12	6	10	7
水	650	750	670	720	680
高碳脂肪醇聚氧乙烯醚	5	13	6	12	7
失水山梨醇单油酸酯	20	32	23	28	24
月桂基三甲基溴化铵	25	45	28	42	32
十三烷基聚氧乙烯醚	20	40	25	35	28
氧化聚乙烯蜡	4	10	5	9	6
聚乙烯亚胺	2	5	3	4	3.3
月桂酸异丙酯	4	12	5	10	6
单硬脂酸甘油酯	2	5	3	4	3.2
染料	1	3	1.5	2.5	1.8
香料	1	3	1.5	2.5	1.6

制备方法 先将二甲苯磺酸钠和棕榈酸溶于 80～100℃的水中，再加入高碳脂肪醇聚氧乙烯醚、失水山梨醇单油酸酯、月桂基三甲基溴化铵、十三烷基聚氧乙烯醚、氧化聚乙烯蜡、聚乙烯亚胺、月桂酸异丙酯和单硬脂酸甘油酯，混合均匀后加入染料和香料，继续搅拌均匀即得成品。

产品特性 本品对环境无污染，并且其去污、抗静电、防尘性能好。用本品洗过的衣物表面电阻率大，同时本品还具有使衣物柔软的作用。

配方 23　环保型洗涤剂

原料配比

原料	配比(质量份)		
	1#	2#	3#
四氯甲烷	28	15	45
脂肪酸二乙醇酰胺	6	2	8
偏硅酸钠	1.5	1	1.2
艾草提取物	14	13	16
丙烯酸 C_1～C_4 烷基酯	32	30	35
甘油	22	15	25
乙醇	35	30	32

制备方法　将各组分原料混合均匀即可。

产品应用　本品主要应用于一般衣物及消防服的洗涤。

产品特性　本品具有较强的去污、乳化、脱脂、低泡性能，同时具有良好的节水功能，清洁、节水一次完成，节约了使用成本且无毒、无刺激；增强了污垢的分散和悬浮能力，能将物品表面上脱落下来的液体油污乳化成小油滴而分散悬浮于水中；非离子表面活性剂协同两性表面活性剂作用，增加了其在水中的稳定性，能阻止污垢再沉积于衣物表面；能显著消除漂洗期间的泡沫，减少漂洗次数，达到节水和高效去污的目的。

配方 24　环保型中性浓缩片状洗涤剂

原料配比

原料	配比(质量份)		
	1#	2#	3#
脂肪酸甲酯磺酸钠	60	54	51
N-椰油酰基谷氨酸钠	5	15	5
烷基糖苷	3	3	3
层状硅酸钠	6	6	6
碳酸氢钠	10	8	15
柠檬酸	10	8	15
丙烯酸酯 ACUSOL711	1	0.8	0.5
聚乙二醇 6000	1	1.2	1.5
十八烷基羟乙基咪唑啉	3	3	2
香精	1	1	1

制备方法

(1) 将所有粉状原料分别粉碎，用 80 目不锈钢筛网过筛备用；液体原料加热到35～40℃溶解，用100目带有保温装置的管道式不锈钢过滤器过滤备用。

(2) 将脂肪酸甲酯磺酸钠、丙烯酸酯ACUSOL711、*N*-椰油酰基谷氨酸钠、烷基糖苷、碳酸氢钠、层状硅酸钠、香精等原料投入并搅拌。

(3) 充分搅拌后，再依次加入黏合赋形剂，十八烷基羟乙基咪唑啉、柠檬酸，经搅拌混合均匀。

(4) 原料搅拌均匀后，可进行压片，每一个片剂直径为10～20mm，厚度为3～5mm，密度为1.7g/mL。

(5) 在100～105℃烘干机烘干，取出冷却到35℃取样检测，进行包装。

原料介绍 所述的*N*-椰油酰基谷氨酸钠为由天然油脂衍生的脂肪酸及氨基酸盐制成的一类天然绿色阴离子表面活性剂；

所述的丙烯酸酯ACUSOL711为一种快速可溶胀型丙烯酸酯，性能指标为：饱和吸水率≥3mL/g，pH值为5～9，崩解性能可达到57g/min；

所述的黏合赋形剂为聚乙二醇6000、羧甲基纤维素钠及羟乙基纤维素中的一种。

产品特性

(1) 本品采用绿色环保、易生物降解的原料，不含磷酸盐、硫酸盐等无机填料，生产工艺简单，能耗低，对环境无污染，具有节能环保、使用方便等特点。本品易溶解，使洗涤过程变得更加简单，更经济，更安全；密度为浓缩洗衣粉的1.5～2倍，体积小，易于携带、贮运，节省包装材料和货架空间；采用片剂遇水快速膨胀及崩解原理，克服了传统洗衣粉易沉底、溶解性差的缺陷；便于计量，能很方便地调节洗涤用量与洗涤效果之间的关系，充分发挥洗涤性能；加入大量的表面活性剂，减少了洗涤助剂用量，符合浓缩化、节能化、低碳化等发展趋势。

(2) 本品为中性配方，不伤皮肤，不损伤织物纤维，去污力强，抗污垢再次沉积，可去除多种污渍，无磷、无铝，不含苯磺酸盐类表面活性剂及有害物质，生物降解性好，有利于环保，可用于低温及多种方式的洗涤，且抗硬水性能好，易漂洗，节能、节水，体积小，节约包装成本和运输成本等。

配方25 抗静电洗涤剂

原料配比

原料	配比(质量份)		原料	配比(质量份)	
	1#	2#		1#	2#
70%脂肪酸	10	16	羧乙烯聚合物	4	6
AEO-9	4	8	甲苯	7	11
柠檬酸	4	11	脂肪酰二乙醇胺	5	10

续表

原料	配比(质量份)		原料	配比(质量份)	
	1#	2#		1#	2#
表面活性剂	5	10	壬基酚聚氧乙烯醚	7	9
苯甲酸钠	5	9	椰油酸	3	8
苹果酸	3	6	无水硫酸盐	4	10
碳酸氢钠	6	12	去离子水	55	55
甜菜碱	4	9			

制备方法 将各组分原料混合均匀即可。

产品特性 本品具有很好的洗涤效果，同时能够减少静电现象的产生，减少灰尘的吸附。

配方26 抗菌去污液体洗涤剂

原料配比

原料	配比(质量份)				
	1#	2#	3#	4#	5#
烷基苯磺酸钠	10	8	7	5	10
十二烷基硫酸钠	2	3	4	5	5
脂肪醇聚氧乙烯醚	5	8	7	10	6
烷基葡萄糖酰胺	0.5	0.7	0.8	1	1
糖基酰胺季铵盐	2	1.8	1.5	1	1.5
香精	0.05	0.1	0.15	2	1
去离子水	加至100	加至100	加至100	加至100	加至100

制备方法

(1) A液配制：取去离子水总量的30%～40%加入配料釜，加热到80～90℃，然后依次加入烷基苯磺酸钠、十二烷基硫酸钠、烷基葡萄糖酰胺，持续搅拌至溶液均匀透明；

(2) B液配制：取去离子水总量的30%～40%加入配料釜，加热到60～70℃，然后依次加入脂肪醇聚氧乙烯醚、糖基酰胺季铵盐，持续搅拌至溶液均匀透明；

(3) 将A液与B液混合，加入香精，补足剩余的去离子水，加入酸或碱调节pH值至6～8，搅拌0.5～2h，至液体均匀透明，出料，即得到抗菌去污液体洗涤剂。

原料介绍 所述的酸为柠檬酸或盐酸。

所述的碱为 NaOH 或 KOH。

产品特性

(1) 本品采用新型的糖基酰胺季铵盐表面活性剂作为杀菌剂，使得洗涤剂对皮肤刺激性小、抗菌性强，特别是对大肠杆菌和金黄色葡萄球菌有很好的抗菌能力。

(2) 本品采用烷基葡萄糖酰胺作为洗涤组分，它不仅是一种理想的增稠剂，而且自身也具有泡沫性能好、去污能力强、配伍性能良好的特点，并具有爽快舒适的使用感。

(3) 本品中不含磷，不会对水中生物环境造成污染。

配方 27 内衣用洗涤剂

原料配比

原料	配比(质量份)		原料	配比(质量份)	
	1#	2#		1#	2#
果料粉末	30	45	氯化磷酸三钠	0.5	1
聚氧乙烯壬基酚醚	15	20	聚丙烯酸钠	5	8
甘油	20	25	去离子水	30	45

制备方法

(1) 将晒干后的具有表面活性剂功能的皂角树和山茶的果实，放入粉碎机内，粉碎 20～25min，得果料粉末；

(2) 将果料粉末加入反应釜中，再向反应釜中加入聚氧乙烯壬基酚醚和甘油；

(3) 将上述混合物进行搅拌加热，搅拌速率为 25～30r/min，最高加热温度为 50℃，加热温升速度为 2℃/min；

(4) 将加热后的混合物静置，静置时间大于 50min，在静置过程中，对混合物进行冷却处理，冷却至温度低于 10℃；

(5) 对冷却后的混合物进行过滤，过滤速度为 1～5L/min；

(6) 在过滤后的混合物中加入下列物质（按质量份计算）：氯化磷酸三钠、聚丙烯酸钠、去离子水，在加入过程中进行搅拌，加热，加热最高温度为 45℃；

(7) 将搅拌后的混合物静置 40min 即得。

产品特性 本品能减少衣物反复洗涤后出现的发黄、褪色、板结现象，并能有效去除各种真菌，以及血渍、汗渍、奶渍、分泌物等，并可清除异物、异味。本品性质温和，不损伤手部肌肤，可保护衣物纤维，洗后令内衣柔软、色泽艳丽；泡沫适中，易于冲洗，省时、省力。

配方 28 女性内裤专用洗涤剂

原料配比

原料	配比(质量份)				
	1#	2#	3#	4#	5#
脂肪醇聚氧乙烯醚	50	—	—	40	136
烷基磺酸盐	—	84	—	20	100
烷基糖苷	—	—	118	110	—
丙二醇	10	22	34	60	68
三乙醇胺	10	22	34	60	68
尼泊金乙酯	1	1	1	3	3
硼砂	12	—	10	30	60
乙酸钠	—	26	30	10	20
亚硫酸钠	1	13.5	26	35	52
氯化钙	0.04	1.02	2	4	4
柠檬酸钠	2	13.5	25	50	50
柠檬酸	4	12	20	40	40
蛋白酶	2	8.5	15	30	30
淀粉酶	3	—	—	5	12
纤维素酶	—	6.5	—	4	7
脂肪酶	—	—	10	11	—
去离子水	11	124.5	238	488	350

制备方法

(1) 将尼泊金乙酯溶于丙二醇中;

(2) 将步骤 (1) 所得混合溶液加入表面活性剂,混合均匀;

(3) 将去离子水加热至 30~40℃;

(4) 将步骤 (3) 所得加热后的去离子水加入步骤 (2) 所得加入表面活性剂后的混合物内,充分溶解。

(5) 将步骤 (4) 所得加入去离子水溶解后的混合物依次加入酶稳定剂、亚硫酸钠、氯化钙和柠檬酸钠后均匀混合;

(6) 向步骤 (5) 得到的混合溶液中加入三乙醇胺,混合均匀;

(7) 向步骤 (6) 所得加入三乙醇胺后的混合溶液用柠檬酸调节至中性;

(8) 将步骤 (7) 所得调节至中性的溶液加入蛋白酶和复配用生物酶,搅拌均匀,即成成品。

产品特性 本品适合女性内裤的清洗,特别是沾有月经血渍的内裤,能明显增加洗后棉织物的柔软性,使织物色泽增白。本品同样适合医院沾染血渍的织物以及医疗器械的清洗，例如手术刀、止血钳、医疗内窥镜等物品的清洗。医疗内窥镜通道狭窄，使用后由于沾染血液、黏膜组织、人体粪便等有机物，并引起堵塞，故使用普通洗涤剂或含有单酶的洗涤剂清洗此类器械时十分困难，且清洗效果不好，残留的细菌等物易在重复使用时引发感染。本品含高活性的生物酶，多种酶发生协同作用，可以有效分解人体分泌物，既减少了手术器械高昂的维护工作，又可以使消毒时达到更好的效果，避免出现二次感染。

配方 29 强效洗涤剂

原料配比

原料	配比(质量份)		
	1#	2#	3#
脂肪醇聚氧乙烯醚	17	15	22
食用碱和苎烯的混合物	2.5	1	4
椰油酰胺丙基羟磺基甜菜碱	14	10	14
十水碳酸钠	1	1	3
EDTA-2Na	3	1	5
酶稳定剂和蛋白酶的混合物	0.5	0.5	1
甘油	24	16	24
去离子水	15	15	22

制备方法 将各组分溶于水混合均匀即可。

原料介绍 食用碱和苎烯的混合物为 3 份食用碱和 4 份苎烯混合而成。

酶稳定剂和蛋白酶的混合物为 0.5 份酶稳定剂和 1.5 份蛋白酶混合而成。

产品应用 本品主要应用于一般衣物及消防服的洗涤。

产品特性 本品制备过程中不会出现凝胶现象，易倾倒、计量准确、使用方便；低温储存效果好，不易形成凝胶；与水以任意比例混合，不会出现凝胶区；本品洗涤剂中固体物含量可以高达 80%，去污性能很强。

配方 30 轻垢液体洗涤剂

原料配比

原料	配比(质量份)		
	1#	2#	3#
十二烷基苯磺酸钠	10	12	11
焦磷酸钾	6	8	7
皂料	1	2	1.5
磷酸钠	20	25	22

续表

原料	配比(质量份)		
	1#	2#	3#
羧甲基纤维素	0.1	0.3	0.2
氯化钠	1	2	1.5
香精	0.1	0.2	0.15
水	45	50	47

制备方法 将各组分溶于水混合均匀即可。

产品应用 本品主要应用于去除丝绸、麻等柔软、轻薄衣物以及其他高档面料服装上的污渍。

产品特性 本品洗涤剂对织物损伤力小，性能温和、稳定性好。

配方 31 轻垢型液体洗涤剂

原料配比

原料	配比(质量份)		
	1#	2#	3#
十二烷基硫酸钠	4	8	6
羟甲基纤维素	1	3	2
脂肪醇聚氧乙烯醚硫酸钠	1	3	2
椰油酰二乙醇胺	5	10	8
柠檬酸钠	2	4	3
硅酸钠	2	4	3
玫瑰香精	0.2	0.4	0.3
乙二醇双硬脂酸酯	20	40	30
水	3000	5000	4000

制备方法

(1) 将十二烷基硫酸钠、硅酸钠、脂肪醇聚氧乙烯醚硫酸钠及柠檬酸钠溶于水中，混匀。

(2) 加入椰油酰二乙醇胺及乙二醇双硬脂酸酯，混匀。

(3) 加入其余组分，混合均匀后，即可得成品。

产品应用 本品主要应用于衣物和纺织品洗涤。

产品特性

(1) 本品有较好的清洗效果，性能温和，对织物、丝绸等表面无任何损害；

(2) 本品易清洗，无任何化学残留，对人体无毒、无害。

配方 32 去血渍多酶液体洗涤剂

原料配比

原料	配比(质量份)				
	1#	2#	3#	4#	5#
尿素	0.6	0.4	0.2	0.5	0.3
α-烯基磺酸钠	2.64	3.95	5.26	3.95	3.16
脂肪醇聚氧乙烯醚硫酸钠	0.72	0.86	1.14	1.42	1
三乙醇胺	0.2	0.3	0.6	0.4	0.4
羧甲基纤维素钠	0.05	0.08	0.1	0.7	0.07
无水乙醇	0.6	0.4	0.3	0.2	0.4
碱性蛋白酶	0.56	0.044	0.028	0.083	0.066
脂肪酶	0.1	0.12	0.15	0.05	0.08
淀粉酶	0.06	0.08	0.02	0.1	0.08
纤维素酶	0.556	0.445	0.777	0.223	0.333
二苯乙烯联苯二磺酸钠	0.01	0.02	0.03	0.01	0.02
酶稳定剂	0.5	0.4	0.2	0.5	0.1
凯松	0.05	—	—	—	—
玉洁新	—	0.08	—	—	—
防腐抗菌剂	—	—	0.1	—	—
咪唑烷基脲	—	—	—	0.1	—
尼泊金甲酯	—	—	—	—	0.06
去离子水	加至100	加至100	加至100	加至100	加至100

制备方法

(1) 取部分去离子水置于烧杯中，加热至80℃并保持恒温，加入尿素，溶解后，再依次加入α-烯基磺酸钠、脂肪醇聚氧乙烯醚硫酸钠、三乙醇胺和羧甲基纤维素钠搅拌，待充分溶解后停止加热，得到澄清的溶液。

(2) 待步骤(1)制得的溶液冷却至30～40℃，再依次加入无水乙醇、碱性蛋白酶、脂肪酶、淀粉酶、纤维素酶、荧光增白剂、酶稳定剂和防腐抗菌剂，搅拌均匀后加入剩余去离子水补足总配方量，即得。

原料介绍 荧光增白剂为二苯乙烯联苯二磺酸钠。

酶稳定剂由硼砂、丙二醇和氯化钙中的两种或三种组成。

防腐抗菌剂由凯松、玉洁新、尼泊金甲酯和咪唑烷基脲中的一种或两种组成。

产品应用 本品主要应用于去除血渍、汗渍、奶渍等污垢。

洗涤剂的使用方法：取质量分数为0.2%～0.5%的去血渍多酶液体洗涤剂，于30～40℃的温水中溶解，将染血物品浸泡于洗涤剂溶液5～10min后手洗或机洗均可。

产品特性 本品中不同的酶复配发挥各酶种之间的协同效应，提高洗涤剂的去血渍能力，具有易溶解、易漂洗的优点，解决了现有洗涤剂去血渍能力差、溶解慢、漂洗不便的问题，复合酶与洗涤剂之间配伍性好，选用对酶活影响较小的表面活性剂和助剂，再添加酶稳定剂和防腐剂，可有效延长酶在液剂中的酶活保存率，生物降解性好。

配方33 全棉衣物洗涤剂

原料配比

原料	配比(质量份)				
	1#	2#	3#	4#	5#
水	50	59.9	80	67.5	65.7
氨基二乙酸钠	10	5	1	5	2
十二醇聚氧乙烯醚硫酸钠	20	12	10	10	17
脂肪醇聚氧乙烯醚	13	10	3	8	8
椰油酸二乙醇酰胺	3	1	2	5	3
香精	1	0.1	1	0.5	0.3
三乙醇胺	1	6	1	3	2
氯化钠	2	6	2	1	2

制备方法 在反应釜中加入水，打开反应罐蒸汽阀门，反应罐夹层进蒸汽，使反应罐内升温至50℃，打开反应罐进料孔，投入氨基二乙酸钠，搅拌20min，投入十二醇聚氧乙烯醚硫酸钠、脂肪醇聚氧乙烯醚、椰油酸二乙醇酰胺，关闭反应罐进料孔，搅拌30min，关闭反应罐蒸汽阀门，打开反应罐循环冷却水进出阀，向反应罐夹层进冷却水，使反应罐内降温至30℃，关闭反应罐循环冷却水进出阀，并维持反应罐内温度，打开反应罐进料阀，投入三乙醇胺和氯化钠，搅拌溶解30min，投入香精，关闭反应罐进料阀，搅拌20min，即制得。

产品特性

(1) 本品对于附着于全棉织物上的污垢、油脂及有害微生物都有良好的洗涤效果；且安全性高，无毒、无残留，不伤害全棉织物、不褪色，不伤害洗涤人员的皮肤，有益于人们身体健康，具有良好的实用价值。

(2) 本品全棉衣物洗涤剂组合物的制备方法，步骤简单、容易实施、工艺稳定，且制得的全棉衣物洗涤剂组合物成分均匀。

配方 34 柔顺型衣物洗涤剂

原料配比

原料	配比(质量份)				
	1#	2#	3#	4#	5#
脂肪醇聚氧乙烯醚	8	9	10	11	12
脂肪醇硫酸酯单乙醇胺盐	6	7	8	9	10
单硬脂酸甘油酯	4	5	6	7	8
三羟乙基甲基季铵甲基硫酸盐	4	5	6	7	8
烷基芳基磺酸钠	2	3	4	5	6
羧甲基纤维素钠	2	3	4	5	6
乙二醇	1	2	3	4	5
肉桂油	1	1.5	2	2.5	3
茶籽粉	5	6	5	8	6
海藻多糖	5	10	7	8	6
芦荟汁	—	—	—	3	3
壳聚糖-石墨烯复合材料	—	—	—	—	0.5
去离子水	80	90	100	110	120

制备方法 将本品的原料混合后，搅拌均匀，即可得到衣服洗涤剂。

原料介绍 茶籽粉富含天然茶皂素，能迅速去除污渍，去油、去污能力非常强，且具有杀菌的功能。茶籽粉中含有15%～18%的茶皂素。茶皂素是一种天然非复方型表面活性剂，其有良好的乳化、分解、发泡、湿润功能，有很好的去污作用。

海藻多糖是一类多组分的混合物，海藻多糖对衣物温和、无伤害，使衣物柔顺、不变形，且海藻多糖具有良好的生物降解性，无二次污染，符合环保要求。

壳聚糖-石墨烯复合材料具有较大的比表面积，壳聚糖和石墨烯之间具有增强的协同作用；壳聚糖-石墨烯复合材料与茶籽粉协同作用，能有效提高本品的去污能力和去污速度。

芦荟汁具有除异味、杀菌、增加湿润度的功效，进一步令使用本品后的衣物柔顺、不变形。

产品应用 本品可广泛适用于棉绒、纤维、丝绸等各种衣物的清洗。

产品特性

(1) 本品配方合理，去污效果好，泡沫少，不伤衣物，洗后衣物柔顺、不变形，无刺激性、无毒，不伤皮肤，对人体无害，符合环保要求。

(2) 本品清洗衣物后，可避免衣物出现发黄、褪色和板结现象，并能有效去除各种真菌，以及血渍、汗渍、奶渍和油渍等污渍，并可清除异物、异味；性质温和，可保护衣物，不伤手；泡沫适中，易于冲洗，省时、省力。

配方 35 生物洗涤剂

原料配比

原料	配比(质量份)	原料	配比(质量份)
APG	8～12	盐	2～4
麦芽糖	15～18	益生菌	2～4
乙醇	2～4	乳酸	2～3
复合氨基酸	1～2	香料	0.1～0.3
芦荟	0.5～1	水	50.5～67.5
壳多糖	1～1.5		

制备方法 在30～38℃的水和APG、麦芽糖的比例为(2～2.5)∶1的环境下加入益生菌和壳多糖，然后密封发酵48～72h，再加入乙醇、复合氨基酸、芦荟、乳酸、香料，搅拌混合后加入盐，再混合，静置24h即为成品。

产品应用 本品主要应用于衣物洗涤，也可用于电器、玻璃、塑料表面清洁，还可用于抽油烟机、灶具和厨房墙面的清洁。

产品特性 本品使用范围广，不伤手，无残留，简便快捷，清洁后能形成防护膜保护物品，延长物品的使用寿命，既无二次污染，又安全环保。

配方 36 丝毛衣物洗涤剂

原料配比

原料	配比(质量份)				
	1#	2#	3#	4#	5#
水	54	72.9	60.9	75	50
脂肪醇聚氧乙烯(9)醚	8	9	1	5	10
脂肪醇聚氧乙烯(7)醚	1	3	5	5	5
十二醇聚氧乙烯醚硫酸钠	15	5	15	7.5	15
两性咪唑啉	5	4	1	1	3
壬基酚聚氧乙烯(10)醚	5	3	5	1	5
椰油酸二乙醇酰胺	5	1	5	3	5
香精	1	0.1	1	0.2	0.5
EDTA	1	1	0.1	0.3	1
氯化钠	5	1	6	2	5.5

制备方法 在反应釜中加入水，打开反应罐蒸汽阀门，反应罐夹层进蒸汽，使反应罐内升温至50℃，打开反应罐进料孔，投入EDTA，搅拌20min，投入

十二醇聚氧乙烯醚硫酸钠、脂肪醇聚氧乙烯（9）醚、脂肪醇聚氧乙烯（7）醚、椰油酸二乙醇酰胺、两性咪唑啉以及壬基酚聚氧乙烯（10）醚，关闭反应罐进料孔，搅拌30min，关闭反应罐蒸汽阀门，打开反应罐循环冷却水进出阀，向反应罐夹层进冷却水，使反应罐内降温至30℃，关闭反应罐循环冷却水进出阀，并维持反应罐内温度，打开反应罐进料孔，投入氯化钠，搅拌溶解30min，投入香精，关闭反应罐进料阀，搅拌20min，即制得。

产品特性

（1）本品对于附着于丝毛衣物上的污垢、油脂及有害微生物都有良好的洗涤效果；且安全性高，无毒、无残留，不伤害丝毛衣物、不褪色，不伤害洗涤人员的皮肤，有益于人们身体健康，具有良好的实用价值。

（2）本品制备方法简单，容易实施，工艺稳定，且制得的丝毛衣物洗涤剂组合物成分均匀。

配方 37 添加天然柑橘提取物的液体衣物洗涤剂

原料配比

原料		配比(质量份)				
		1#	2#	3#	4#	5#
表面活性剂	脂肪醇聚醚 AEO-7	8	—	15	10	—
	脂肪醇聚醚 AEO-9	—	12	—	—	12
	醇醚硫酸盐 AES	9	6	5	5	6
	烷醇酰胺 6501	14	13	13	13	17
柑橘提取物		1	1.1	1	0.8	2
氯化钠(增稠剂)		2.5	3.5	4	2	3.5
EDTA-2Na(螯合剂)		0.5	0.5	0.5	0.5	0.5
防腐剂		0.1	0.1	0.1	0.1	0.1
去离子水		加至100	加至100	加至100	加至100	加至100

制备方法

（1）取去离子水，将表面活性剂加入去离子水中，加热搅拌使其溶解完全；

（2）降温，加入柑橘提取物、增稠剂，螯合剂，防腐剂，继续搅拌溶解完全；

（3）停止搅拌后放到储罐中静置，放出锥部废液后经双层滤网过滤后包装。

产品特性

（1）本品配方温和，适于机洗和手洗；去污力强，用量少；易漂洗，省水、省时。本品不含磷、苯、酚等对人体有毒的物质，不添加荧光增白剂，不添加香精、色素，安全环保。

(2) 本品洗涤剂中添加的柑橘提取物，其原料来源于柑橘类果皮，这既解决了柑橘皮渣带来的垃圾污染问题，变废为宝保护了环境，又扩大了产品种类，提高了附加值。

(3) 本品中使用的天然柑橘提取物，对油污具有极好的溶解、清除能力，具有天然的抗菌、抑菌功效。与单纯的天然柑橘提取物相比，单纯的天然柑橘提取物相对稳定性不够好，而本品中加入的增稠剂和螯合剂则完全克服了此问题，使得其中的天然柑橘提取物成分能够长久、稳定地发挥其功效。

(4) 本品具有淡淡香味，味道清新，能够完全除去衣物表面的油污、杂尘等成分，并且能使衣物上的寄生菌落显著减少。

配方 38 贴身衣物杀菌洗涤剂

原料配比

原料	配比(质量份)	原料	配比(质量份)
苯甲酸	10～30	乙醇	0.5～3
木醋液	10～20	甘油	2～10
皂液	12～20	去离子水	加至 100

制备方法 将各成分放入混合容器内，搅拌均匀即可。

产品特性 本品在保证有效去污效果的前提下，不刺激皮肤，且生产工艺简单，不但适合洗涤贴身衣物，而且同样适用于其他外套等衣物。

织物洗涤剂

配方 1 保健防病植物精华衣物洗涤剂

原料配比

原料	配比(质量份)	
	1#	2#
植物精华素	20	25
去离子水	20	25
甜菜碱	1	3
脂肪醇硫酸钠	5	10
硼酸	10	15
柠檬酸	1	2
甘油	1	2
拉丝粉	0.5	1

原料		配比(质量份)	
		1#	2#
光漂白剂		2	3
香料		5	6
植物精华素	黄芪	3	4
	白术	2	3
	防风	4	5
	薄荷	2	3
	金银花	5	6
	水	30	35

制备方法

(1) 制备植物精华素：将原料中所有的药材研磨成粉，加入配方量中一半的水中，浸泡 3～5h，然后将料液加热至沸腾后，再次煎煮 20～30min 后，煎煮液过滤备用，然后再向滤渣中加入余下所有的水再次加热至沸腾，煎煮 10～13min 后，将两次收集的滤液进行合并，滤渣取汁，真空浓缩至原质量的 20%后即可得到。

(2) 选用一搅拌罐，将原料中的去离子水加入反应釜中，然后加热升温至 65～85℃，然后将原料中的甜菜碱和脂肪醇硫酸钠加入反应釜中，开启搅拌 2～4h；

(3) 待上述步骤 (1) 搅拌均匀后，将原料中的硼酸和柠檬酸加入其中，继续搅拌 30～60min；

(4) 待步骤 (2) 搅拌结束后，加入原料中的甘油和步骤 (3) 所得混合物，加热至 50～60℃，继续搅拌 10～20min。

(5) 待步骤 (4) 搅拌结束后，将原料中的拉丝粉、光漂白剂和香料全部加入其中，搅拌均匀后进行过滤，即可得到。

产品特性 本品制备方便简单，环保无污染，原料易得，设备投资少，便于操作，使用效果好，去污能力强，安全可靠。

配方 2 布料清洗剂

原料配比

原料		配比(质量份)			
		1#	2#	3#	4#
增稠剂	聚乙二醇双硬脂酸酯	12	12	—	—
	聚乙二醇双硬脂酸酯和氯化钠的混合物	—	—	14	—
	氯化钠	—	—	—	15
表面活性剂	脂肪醇醚硫酸钠盐和椰油脂肪酸二乙醇酰胺的混合物	80	—	100	—
	椰油脂肪酸二乙醇酰胺	—	100	—	—
	脂肪醇醚硫酸钠盐	—	—	—	90
分散剂	烷基酚聚氧乙烯醚和聚丙烯酸钠盐的混合物	25	—	—	—
	聚丙烯酸钠盐	—	20	—	10
	烷基酚聚氧乙烯醚	—	—	15	—
抗静电剂	脂肪醇聚氧乙烯醚	45	45	50	40
助溶剂	乙醇	1	—	—	—
	丙酮	—	1	—	—
	乙醇和丙酮的混合物	—	—	0.5	—
	乙醇、丙酮和氨水的混合物	—	—	—	1
自来水		80	60	60	70
氯化氢		1	1	2	2
蛋白酶		1～2	1～2	1～2	1～2

制备方法 将各组分原料混合均匀即可。

产品特性

(1) 该清洗剂能够有效去除污渍，降低生产成本。

(2) 所述分散剂用于水处理可在碱性和中浓缩倍数条件下不结垢，能将自来水中的碳酸钙、硫酸钙等盐类的微晶或泥沙分散于水中而不沉淀，从而达到阻垢目的。本品中水采用一般的自来水，这样能解决清洗剂大量使用的问题，较之于纯水成本大为降低。助溶剂的加入可以加大污物的溶解度，增进洗脱效果。

配方 3 超浓缩液体洗涤剂

原料配比

原料	配比(质量份)				
	1#	2#	3#	4#	5#
烷基苯磺酸钠(LAS)	20	—	—	—	—

续表

原料	配比(质量份)				
	1#	2#	3#	4#	5#
脂肪酸甲酯磺酸盐(MES)	—	15	—	—	—
α-烯基磺酸盐(AOS)	—	—	15	—	—
烷基硫酸盐(SDS)	—	—	—	18	—
脂肪醇聚氧乙烯醚磷酸盐(MAP)	—	—	—	—	13
支链烷基苯磺酸钠	—	12	—	—	10
支链烷基羧酸钠	—	—	—	10	—
脂肪醇聚氧乙烯醚	50	45	—	45	40
支链烷基糖苷(C_{12}~C_{14})	—	—	10	—	—
脂肪醇聚氧乙烯醚(AEO)	—	35	—	—	—
脂肪醇聚氧乙烯醚糖苷(AEG)	—	—	—	—	7
乙二醇	5	—	—	—	3
脂肪酸甲酯乙氧基化物(FMEE)	—	—	45	—	—
二乙二醇丁醚	—	—	6	—	—
二甲苯磺酸钠	—	—	9	—	—
EDTA	—	—	4	—	—
异丙醇	—	3	—	—	—
异丙基苯磺酸钠	—	—	—	—	5
单乙醇胺	—	8	—	—	—
柠檬酸钠	—	5	—	—	6
聚丙烯酸接枝聚乙二醇单甲醚	—	0.08	0.2	—	—
聚甲基丙烯酸接枝脂肪醇聚氧乙烯醚	—	—	—	0.2	—
聚丙烯酸接枝脂肪醇聚氧乙烯醚	—	—	—	—	0.4
凯松	—	—	0.05	—	—
甲苯磺酸钠	5	—	—	10	—
碳酸钠	5	—	—	1	—
丙烯酸马来酸酐共聚物接枝聚乙二醇单甲醚	0.1	—	—	—	—
荧光增白剂CBS	—	0.2	0.2	0.2	—
碱性脂肪酶	—	—	—	0.5	—
香精	0.2	0.3	0.2	0.1	0.5
水	余量	余量	余量	余量	余量

制备方法 在50~70℃下，将加热熔化的非离子表面活性剂加入水中，然后依次加入阴离子表面活性剂、助溶剂和助剂，在300~1000r/min的搅拌速度下搅拌30~50min，冷却至室温，再依次加入抗絮凝剂、荧光增白剂CBS、洗涤用酶、防腐剂、香精，在300~1000r/min的搅拌速度下继续搅拌60~240min，至产品呈均匀透明状态，即得到所要的超浓缩液体洗涤剂。

原料介绍 所述的阴离子表面活性剂包括：含支链的阴离子表面活性剂、烷基苯磺酸钠（LAS）、烷基硫酸盐（SDS）、脂肪酸甲酯磺酸盐（MES）、α-烯基磺酸盐（AOS）、烷基二苯醚双磺酸盐、脂肪醇聚氧乙烯醚硫酸盐（AES）、脂肪醇聚氧乙烯醚羧酸盐（AEC）、脂肪醇聚氧乙烯醚磷酸盐（MAP）中的一种或任意两种组成的混合物。

所述的非离子表面活性剂包括：支链醇聚氧乙烯醚、支链烷基糖苷（C_{12}～C_{14}）、脂肪醇聚氧乙烯醚（AEO）、烷基糖苷（APG）、脂肪醇聚氧乙烯醚糖苷（AEG）、脂肪酸甲酯乙氧基化物（FMEE）中的一种或任意两种组成的混合物。

助溶剂包括：二甲苯磺酸钠、异丙基苯磺酸钠、甲苯磺酸钠、异丙醇、乙二醇、二乙二醇丁醚、单乙醇胺、三乙醇胺中的一种或两种。

助剂包括：碳酸钠、柠檬酸钠、EDTA。

抗絮凝剂采用聚羧酸型梳形表面活性剂，如丙烯酸马来酸酐共聚物接枝聚乙二醇单甲醚、聚丙烯酸接枝聚乙二醇单甲醚、聚甲基丙烯酸接枝聚乙二醇单甲醚、聚甲基丙烯酸接枝脂肪醇聚氧乙烯醚或聚丙烯酸接枝脂肪醇聚氧乙烯醚。

防腐剂包括凯松。

产品特性

（1）本品制备过程中不会出现凝胶现象，易倾倒、计量准确、使用方便；

（2）本品低温储存效果好，不易形成凝胶；

（3）本品超浓缩液体洗涤剂与水以任意比例混合，不会出现凝胶区；

（4）超浓缩液体洗涤剂中固体物含量可以高达80%（其中表面活性剂含量可达70%）。

配方4 超细纤维织物洗涤剂

原料配比

原料	配比(质量份)				
	1#	2#	3#	4#	5#
脂肪醇聚氧乙烯醚	2	12	6	8	9
丙二醇嵌段聚醚	8	2	6	6	4
月桂醇聚氧乙烯醚磷酸酯钾盐	0.9	6	3	3	4
仲烷基磺酸钠	6	0.06	3	3	3
聚丙烯酸钠	0.5	2.7	1.5	1.5	3
螯合剂	10	1	4	3	2.5
三氯卡班	0.5	—	1	0.5	0.3
香精	0.1	0.3	0.5	0.08	0.1
去离子水	72	75.94	75	74.92	74.1

制备方法

（1）将去离子水加热至60～70℃，分别加入质量份的脂肪醇聚氧乙烯醚、丙二醇嵌段聚醚、月桂醇聚氧乙烯醚磷酸酯钾盐、仲烷基磺酸钠，搅拌使之完全溶解。

(2) 加入聚丙烯酸钠和螯合剂，搅拌完全溶解后冷却至45℃以下，加入三氯卡班，搅拌溶解后再加入香精，冷却至室温，静置6～12h，灌装得到所述超细纤维织物洗涤剂。

原料介绍 脂肪醇聚氧乙烯醚为非离子表面活性剂，具有较好的润湿、增溶、乳化、清洗能力，耐硬水性能较好。在超细纤维织物洗涤剂配方中作为主要的去污、清洗成分。本品优选脂肪醇聚氧乙烯 (7) 醚、脂肪醇聚氧乙烯 (8) 醚、脂肪醇聚氧乙烯 (9) 醚和脂肪醇聚氧乙烯 (10) 醚中的至少一种，最好使用脂肪醇聚氧乙烯 (7) 醚或脂肪醇聚氧乙烯 (9) 醚。

丙二醇嵌段聚醚为非离子表面活性剂，分子结构中含有聚氧乙烯亲水基团和聚氧丙烯疏水基团，具有泡沫少、安全无毒、刺激性低等特点，与其他表面活性剂有较好的协同作用。本品优选丙二醇嵌段聚醚L64和/或丙二醇嵌段聚醚L61。丙二醇嵌段聚醚L64、丙二醇嵌段聚醚L61分别简称为聚醚L64、聚醚L61。

月桂醇聚氧乙烯醚磷酸酯钾盐，又叫月桂醇醚磷酸酯钾盐、α-十二烷基-ω-羟基聚氧乙烯磷酸酯钾盐，是由月桂醇聚氧乙烯醚磷酸化后再中和而成，具有较好的去污、乳化、抗静电等性能，还具有生物降解性较好，刺激性低，耐酸、碱、盐腐蚀等优点，在本品超细纤维织物洗涤剂配方中作为抗静电主要成分，不影响超细纤维织物的吸水性能，同时作为阴离子表面活性剂与非离子表面活性剂具有协同去污作用。

仲烷基磺酸钠，是阴离子表面活性剂，具有较强的水溶性、润湿性，有良好的去污和乳化能力，生物降解性极佳，与阴离子表面活性剂、非离子表面活性剂配伍性好。

聚丙烯酸钠，简称PAA，本品优选的聚丙烯酸钠理论分子量为4000，有较强的螯合钙、镁等多价离子的能力，具有较好的钙皂分散能力及较强的吸附污垢颗粒的能力，添加到体系中可以提高去污力和抗再沉积能力，减少污垢在纤维中的沉积，避免织物多次洗涤后变硬。

本品优选的螯合剂为葡萄糖酸钠和/或柠檬酸钠。葡萄糖酸钠和柠檬酸钠是液体洗涤剂中常用的螯合剂，对Ca^{2+}、Mg^{2+}等金属离子具有良好的络合能力，对其他金属离子，如Fe^{2+}、Al^{3+}等离子也有很好的络合能力。

三氯卡班，化学名称为*N*-(4-氯苯基)-*N*′-(3,4-二氯苯基) 脲，化学分子式为$C_{13}H_9Cl_3N_2O$，是一种高效、广谱、安全的新型抗菌剂，对能引起感染或病原性革兰氏阳性及革兰氏阴性菌、真菌、酵母菌和病毒等都具有杀灭和抑制作用。

产品应用 本品主要应用于织物洗涤。

产品特性

(1) 本品的配方中利用非离子表面活性剂与阴离子表面活性剂的协同作用实现去污和清洗，利用月桂醇聚氧乙烯醚磷酸酯钾盐优异的抗静电性能实现织物的抗静电性能。本品去污力强，泡沫适中，可以满足手洗和机洗的要求，用来清洗超细纤维织物如毛巾、浴巾、清洁布、瑜伽垫等，经多次循环洗涤后织物依然比较柔软，不会出现超细纤维织物变硬、变黄和吸水性变差的问题，而且洗后的超细纤维织物还具有一定的抗静电能力，不需要再使用织物柔顺剂，避免了使用织物柔顺剂带来的吸水性变差的问题，使用本品清洗超细纤维织物不会影响和改变超细纤维织物原有的各种优点和性能。

(2) 本品中加入三氯卡班，洗后的超细纤维织物在阴天晾晒或吸收汗液后有较强的抑菌性，不会变臭变味，总体使用寿命增长，而且还可以作为产品本身的防腐剂防止产品变质。

配方 5　除静电地毯洗涤剂

原料配比

原料	配比(质量份)		
	1#	2#	3#
阴离子水溶性乙烯酸共聚物	15	25	20
磷酸氢钙	8	12	10
磷酸钠聚合物	4	6	5
尿素	30	40	35
三甲基苯酚钠	10	12	11
四乙酰乙二胺	4	6	5
去离子水	30	40	35

制备方法　在90℃以上，将磷酸氢钙、磷酸钠聚合物和三甲基苯酚钠混合物加入筒式流化床，依次喷入阴离子水溶性乙烯酸共聚物、尿素、四乙酰乙二胺和去离子水，混合均匀即可。

产品特性　本品使用方便，去污力强，洗涤地毯之后还能有效保持地毯不起静电、不吸附杂质。

配方 6　除螨地毯洗涤剂

原料配比

原料	配比(质量份)		
	1#	2#	3#
阴离子水溶性乙烯酸共聚物	15	25	20

续表

原料	配比(质量份)		
	1#	2#	3#
碳酸氢钠	8	12	10
三聚硫酸钠	4	6	5
尿素	30	40	35
二甲基苯磺酸钠	10	12	11
四乙酰乙二胺	4	6	5
去离子水	30	40	35

制备方法 在70℃以上，将碳酸氢钠、三聚硫酸钠和二甲基苯磺酸钠混合物加入筒式流化床，依次喷入阴离子水溶性乙烯酸共聚物、尿素、四乙酰乙二胺和去离子水，混合均匀即可。

产品特性 本品使用方便，去污力强，还能有效地清除藏匿在地毯深处的螨虫。

配方7 窗帘洗涤剂

原料配比

原料	配比(质量份)		
	1#	2#	3#
寸金草	2	4	3
珍珠菜	2	4	3
脂肪醇聚氧乙烯醚硫酸盐(AES)	9	12	10
十二烷基苯磺酸钠(LAS)	3	2	2
脂肪醇聚氧乙烯醚(AEO)	2	3	3
羧甲基纤维素钠	1	0.5	1
乙醇	7	8	8
氯化钠	2	2	3
偏硅酸钠	10	10	9
次氯酸钠	1	1	1.5
椰油酸二乙醇酰胺	2	2	1
香精	0.1	0.1	0.1
水	适量	适量	适量

制备方法 取寸金草、珍珠菜，加水煎煮两次，第一次加水量为药材质量的8～12倍，煎煮1～2h，第二次加水量为药材质量的6～10倍，煎煮1～2h，合并煎液，浓缩至寸金草、珍珠菜总质量的10倍，加入脂肪醇聚氧乙烯醚硫酸盐

(AES)、十二烷基苯磺酸钠（LAS)、脂肪醇聚氧乙烯醚（AEO)、羧甲基纤维素钠、乙醇、氯化钠、偏硅酸钠、次氯酸钠、椰油酸二乙醇酰胺、香精，70～80℃左右熔融，即得。

产品特性 本品起泡效果良好。

配方 8 床单洗涤剂

原料配比

原料	配比(质量份)		
	1#	2#	3#
山柳菊	2	4	3
挖耳草	2	4	3
脂肪醇聚氧乙烯醚硫酸盐(AES)	9	12	10
十二烷基苯磺酸钠(LAS)	3	2	2
脂肪醇聚氧乙烯醚(AEO)	2	3	3
羧甲基纤维素钠	1	0.5	1
乙醇	7	8	8
氯化钠	2	2	3
偏硅酸钠	10	10	9
次氯酸钠	1	1	1.5
椰油酸二乙醇酰胺	2	2	1
香精	0.1	0.1	0.1
水	适量	适量	适量

制备方法 取山柳菊、挖耳草，加水煎煮两次，第一次加水量为药材质量的8～12倍，煎煮1～2h，第二次加水量为药材质量的6～10倍，煎煮1～2h，合并煎液，浓缩至山柳菊、挖耳草总质量的10倍，加入脂肪醇聚氧乙烯醚硫酸盐(AES)、十二烷基苯磺酸钠（LAS)、脂肪醇聚氧乙烯醚（AEO)、羧甲基纤维素钠、乙醇、氯化钠、偏硅酸钠、次氯酸钠、椰油酸二乙醇酰胺、香精，70～80℃左右熔融，即得。

产品特性 本品起泡和抗菌效果良好。

配方 9 低泡地毯清洗剂

原料配比

原料	配比(质量份)		
	1#	2#	3#
斯盘-65	5	9	7

续表

原料	配比(质量份)		
	1#	2#	3#
吐温-85	3	2	2.5
三聚磷酸钠	3	5	4
2-丁氧基乙醇	2	1	1.5
苯扎氯铵	1	3	2
肌醇六磷酸酯	2.5	1.5	2
草酸	0.5	0.8	0.65
聚醚	0.5	0.2	0.35
聚二甲基硅氧烷	0.1	0.2	0.15
水	加至100	加至100	加至100

制备方法

(1) 按质量份称取各原料，先将斯盘-65、吐温-85、三聚磷酸钠依次加入水中，搅拌使其完全溶解；

(2) 然后将2-丁氧基乙醇、苯扎氯铵、肌醇六磷酸酯依次加入，搅拌均匀；

(3) 最后加入草酸、聚醚、聚二甲基硅氧烷和余量的水，搅拌均匀，即得低泡地毯清洗剂。

产品应用 使用方法为：取本品按5%的质量比配成溶液，将地毯浸泡其中0.5h以上，浸泡过程中可以用刷子等加强清洗效果，最后用水将毛毯冲洗或浸洗干净后晾干即可。

产品特性 本品采用不同表面活性剂和助剂复配，具有优异的去污能力，清洗过程中基本无泡沫产生，漂洗用水量明显低于现有产品。另外，本品可以杀灭地毯纤维缝隙中的有害细菌，不损伤地毯纤维，可使地毯恢复原有的色泽和手感。

配方10 低泡织物液体洗涤剂

原料配比

原料	配比(质量份)				
	1#	2#	3#	4#	5#
脂肪醇聚氧乙烯醚硫酸钠	10	15	10	8	12
α-烯基磺酸钠	6	5	10	10	8
脂肪醇聚氧乙烯(7)醚	2	4	2	3	3
椰油酰胺丙基甜菜碱	4	3	5	4	3
脂肪酸烷醇酰胺	2	2	2	2	2
棕仁油脂肪酸	1	0.5	1.5	1.5	1

续表

原料	配比(质量份)				
	1#	2#	3#	4#	5#
椰油脂肪酸	2.5	3	2	1	2
氢氧化钠	0.3	0.3	0.3	0.2	0.2
柠檬酸钠	1.5	3	2.5	2	3
1,2-苯并异噻唑啉-3-酮	0.1	0.1	0.1	0.1	0.1
香精	0.2	0.2	0.2	0.2	0.2
去离子水	70.4	63.9	64.4	68	65.5

制备方法

(1) 将所述去离子水总量的20%～40%加热至50～60℃，并置于化料釜中，然后边搅拌边按照上述配比加入氢氧化钠、棕仁油脂肪酸、椰油脂肪酸至完全溶解，得到混合溶液A；配制该混合溶液A时，加入所述的各个组分后需要依次搅拌均匀。

(2) 在混合溶液A中加入约20%～40%的常温去离子水，然后边搅拌边按照上述配比加入脂肪醇聚氧乙烯醚硫酸钠、α-烯基磺酸钠、脂肪醇聚氧乙烯(7)醚、椰油酰胺丙基甜菜碱、脂肪酸烷醇酰胺，搅拌至完全溶解后，得到混合液B；配制该混合溶液B时，加入所述的各个组分后需要依次搅拌均匀。

(3) 在混合溶液B中加入柠檬酸钠、1,2-苯并异噻唑啉-3-酮、香精、剩余去离子水，搅拌均匀，静置100～120min，即可得到所述的低泡织物液体洗涤剂。

产品特性

(1) 本品选用的脂肪醇聚氧乙烯醚硫酸钠、α-烯基磺酸钠、脂肪醇聚氧乙烯(7)醚均具有良好的去污性、钙皂分散性和乳化性；选用脂肪酸烷醇酰胺作为助剂与脂肪醇聚氧乙烯醚硫酸钠、α-烯基磺酸钠、脂肪醇聚氧乙烯(7)醚进行复配，可提高本品低泡织物液体洗涤剂的增溶力，更利于污垢去除。

(2) 本品选用的低刺激的两性表面活性剂椰油酰胺丙基甜菜碱与其他表面活性剂协同作用，在去污、清洁的同时，降低体系的刺激性，可用于贴身衣物的洗涤。

(3) 本品选用的棕仁油脂肪酸、椰油脂肪酸与氢氧化钠配合使用，除了提供去污能力外，更赋予了体系“低泡”的性能。

(4) 本品选用的助剂柠檬酸钠可起到螯合作用，能提高本品低泡织物液体洗涤剂的抗硬水能力。

(5) 本品对环境友好，使用时对皮肤刺激性小，泡沫明显少于市售产品，漂洗1次即可。

配方 11 低温高效液体洗涤剂

原料配比

原料		配比(质量份)				
		1#	2#	3#	4#	5#
阴离子表面活性剂	烷基苯磺酸钠(LAS)	9	—	—	18	—
	脂肪酸甲酯磺酸盐(MES)	4	10	11	—	15
	脂肪醇聚氧乙烯醚硫酸盐(AES)	—	5	—	—	—
	α-烯基磺酸盐(AOS)	—	—	3	—	—
	脂肪醇聚氧乙烯醚羧酸盐(AEC)	—	—	—	3	3
非离子表面活性剂	支链脂肪醇聚氧乙烯(7)醚	3	—	—	—	—
	支链脂肪醇聚氧乙烯(9)醚	—	5	—	—	—
	支链脂肪醇聚氧乙烯(1)醚	—	—	—	3	—
	支链脂肪醇聚氧乙烯(4)醚	—	—	—	—	3
	支链烷基糖苷 APG	—	—	3	—	—
支链烷基硫酸钠		10	—	—	—	—
支链烷基苯磺酸钠		—	4.5	—	—	—
支链烷基磺酸盐		—	—	8	—	—
支链烷基磺酸钠		—	—	—	—	3
支链烷基羧酸钠		—	—	—	5	—
无机助剂	4A 沸石	20	18	20	20	15
	碳酸钠	3	4	3	3	6
	硅酸钠	4	5	5	5	3
柠檬酸钠		—	3	—	5	5
抗絮凝剂		0.1	0.08	0.2	0.2	0.4
防腐剂		—	—	0.05	—	—
香精		0.2	—	—	—	—
荧光增白剂		—	0.2	0.2	0.2	—
洗涤用酶		—	—	—	0.5	—
水		加至 100	加至 100	加至 100	加至 100	加至 100

制备方法 将阴离子表面活性剂和支链表面活性剂加入水中，充分搅拌至物料全部溶解，冷却至室温，加入洗涤用酶，搅拌均匀后继续搅拌 30～50min；然后在 30～100r/min 的搅拌速度下，依次加入 4A 沸石、碳酸钠、硅酸钠、柠檬酸钠、抗絮凝剂、防腐剂、荧光增白剂、香精，控制加料速度使所有固体物料在 1～5h 内加完，继续搅拌 60～120min，至产品呈均匀悬浮状态，即得。产品外观呈乳白色均匀悬浮状，具有较高的黏度、较好的流动性。

原料介绍 所述的阴离子表面活性剂包括：烷基苯磺酸钠（LAS)、脂肪酸甲酯磺酸盐（MES）、脂肪醇聚氧乙烯醚硫酸盐（AES）、α-烯基磺酸盐（AOS）、脂肪醇聚氧乙烯醚羧酸盐（AEC）中任意两种组成的混合物。

所述的非离子表面活性剂包括：支链脂肪醇聚氧乙烯醚、支键烷基糖苷APG（C_{12}～C_{14}）。

所述的抗絮凝剂采用聚羧酸型梳形表面活性剂。

产品特性

（1）低温清洗性能好；

（2）抗硬水性能好；

（3）高低温稳定性好；

（4）贮存稳定性好。

配方 12 地毯清洗剂

原料配比

原料	配比（质量份）		
	1#	2#	3#
水	95.7	452	930
十二烷基二甲基氧化胺	0.5	4	7
十二烷基苯磺酸钠	0.2	3	4
壬基酚聚氧乙烯醚	1	15	20
氢氧化钠	2	20	30
无水焦磷酸钠	0.5	4	6
对羟基苯甲酸丁酯	0.1	2	3

制备方法

（1）将部分水、十二烷基二甲基氧化胺、十二烷基苯磺酸钠、壬基酚聚氧乙烯醚依次投入反应釜中，充分搅拌至完全溶解，得到混合物A，备用。

（2）将剩余的水、氢氧化钠、无水焦磷酸钠、对羟基苯甲酸丁酯依次投入另一反应釜中，搅拌至完全溶解，得到混合物B。

（3）待步骤（2）混合物B冷却至室温时加入步骤（1）混合物A，充分搅拌至均匀，即得到地毯清洗剂成品。

产品特性

（1）本品去污能力强，清洗效果明显，且无毒无害。

（2）本品将无水焦磷酸钠配合表面活性剂使用，既增加去污力，又可使洗后的污垢和附着在纤维上的清洗剂粉尘化，便于吸尘器吸除，防止二次污染。

（3）本品用对羟基苯甲酸丁酯代替苯甲酸钠，杀菌效果好，且性能稳定。

（4）本品制备方法简单，成本低廉。

配方 13 地毯洗涤剂

原料配比

原料	配比(质量份)	原料	配比(质量份)
水	21.5	丙醇	40
脂肪酸烷醇酰胺	3	硅酸铝	30
脂肪醇聚氧乙烯醚硫酸铵	5	色素	0.5

制备方法

(1) 在搪瓷釜或不锈钢釜中,先加入水、脂肪酸烷醇酰胺、脂肪醇聚氧乙烯醚硫酸铵及丙醇,充分搅拌均匀;

(2) 加入硅酸铝和色素,充分搅匀,制得均匀膏状物后包装。

原料介绍 脂肪酸烷醇酰胺又名尼纳尔,为淡黄色或琥珀色黏稠液,易溶于水,具有良好的发泡和稳泡性能,渗透力及去污力较强,有很好的增稠作用,抗硬水能力好,对皮肤刺激性较小。

脂肪醇聚氧乙烯醚硫酸铵为淡黄色液体,易溶于水,对皮肤无刺激,具有去污、乳化及分散性能。

丙醇为无色澄清液体,能与水、醇及醚混溶,在本洗涤剂中用作溶剂。

硅酸铝为无色晶体或白色粉末,通常含有少量水分,不溶于水和强酸,在本洗涤剂中用作填充剂,选用粒度小于 0.2mm 的粉末。

产品特性 本品是由表面活性剂与硅酸铝为主要成分配制而成的膏状物质,具有去污性能强、无异味等优点,且不会对地毯造成损伤。

配方 14 地毯清洗用洗涤剂

原料配比

原料	配比(质量份)	原料	配比(质量份)
羧甲基纤维素	5	微细一水氧化铝粉	1.7
单硬脂酸甘油酯	8	香精	0.3
异丙醇	4	水	加至 100
椰油酸烷醇酰胺	3		

制备方法

(1) 将水加热升温至 60℃,加入羧甲基纤维素慢慢搅拌,使羧甲基纤维素全部溶解后,加入单硬脂酸甘油酯并搅匀;

(2) 加入异丙醇及椰油酸烷醇酰胺并搅匀;

(3) 加入微细一水氧化铝粉并搅匀;

（4）加入香精，冷却后包装。

使用时，可以用刷子蘸取少量本洗涤剂直接刷洗，也可以将本洗涤剂用适量水稀释后刷洗。刷洗时会产生泡沫并吸附污垢，晾干后变成粉末，用吸尘器吸走或者用刷子扫除即可。

产品特性 本品使用方便，洗涤效果好，且不会出现污垢再沉淀的现象。

配方 15 地毯用洗涤剂

原料配比

原料	配比(质量份)		
	1#	2#	3#
椰油基单乙醇胺聚氧乙烯醚	18	15	20
硅酸铝	23	22	25
羧甲基纤维素	12	10	15
异丙醇	27	25	30
甘油	20	15	22

制备方法 将各组分混合均匀即可。

产品特性 本品具有较强的乳化、脱脂、低泡性能，同时具有良好的节水功能，节约了使用成本且无毒、无刺激；具有去污性能强、无异味等优点，且不会对地毯造成损伤，可达到节水和高效去污的目的。

配方 16 纺织品防沾污洗涤剂

原料配比

原料	配比(质量份)		
	1#	2#	3#
十二烷基苯磺酸钠	2	5	4
脂肪醇醚硫酸钠	1	3	2
椰油酸二乙醇酰胺	2	4	3
丙烯酸甲酯	10	20	15
柠檬酸	5	10	8
月桂醇	10	20	16
氯化钠	1	3	2
香精	0.1	0.3	0.2
水	100	120	110

制备方法 按配比将各组分混合，搅拌均匀后即可得产物。

产品特性

(1) 本品清洗效果良好，不损伤织物表面；

(2) 本品制备工艺简单，成本低廉；

(3) 本品对人体无毒无害，环保性能良好。

配方 17 纺织品文物的专用洗涤剂

原料配比

原料	配比(质量份)		
	1#	2#	3#
茶皂素	2	1.5	2.5
过硼酸钠	1.5	1	2
胰酶	1.5	1	2
脂肪酶	1.5	1	2
木瓜蛋白酶	1.5	1	2
柠檬酸	0.75	0.3	1.2
柠檬酸钠	0.5	0.1	1
水	90.75	94.1	87.3

制备方法 将各组分溶于水混合均匀即可。

产品应用 本品主要应用于纺织品文物专用洗涤。使用方法如下。

(1) 将受到污染的纺织品文物浸入专用洗涤剂的溶液中，于35～45℃下浸泡0.5～1.5h后取出；其中所述用洗涤剂溶液的pH值，维持并稳定在5～7。

(2) 将经过以上处理的纺织品文物用清水反复冲洗5～7遍，于温度为20～30℃、相对湿度45%～55%的环境中放置6～12h晾干。

产品特性

(1) 方法简单，操作方便；

(2) 采用天然环保材料，对文物破坏性极小，不影响其外观、颜色、手感；

(3) 清洗效果好，它可以有效地清除文物上的大部分污渍。

配方 18 纺织品用洗涤剂

原料配比

原料	配比(质量份)		
	1#	2#	3#
α-烯基磺酸盐	22	20	25
甲基氯异噻唑啉酮	0.7	0.5	0.8

续表

原料	配比(质量份)		
	1#	2#	3#
二羧乙基椰油基磷酸乙基咪唑啉钠	6	5	8
聚丙烯酸钠	6	5	8
软化剂	0.2	0.1	0.3
烷基多糖苷	5	2	8
甘油	22	15	25
乙醇	22	15	25
稳定剂2,6-二叔丁基对甲酚	2	1.6	3
水	4	3	5

制备方法 将各组分混合均匀即可。

产品特性 本品富含取自天然原料的活性成分，洁净效果好，使用后皮肤水分流失率很接近使用前，说明本品对皮肤刺激小；可以节约能源、减少有害化学品在环境中的积累和危害，利于保护环境。

配方19 纺织物有色污渍清洗剂

原料配比

原料	配比(质量份)			
	1#	2#	3#	4#
十二烷基三甲基氯化铵	8	3	4	5
十六烷基三甲基溴化铵	7	2	3	4
脂肪醇聚氧乙烯醚	15	7	9	11
石油乳液	60	40	45	50
水	90	70	75	80
无水乙醇	50	30	35	40
苯甲醇	15	7	10	12
羧甲基纤维素	1.5	0.6	0.8	1
4-氯-3,5-二甲酚	1.2	0.3	0.5	0.7

制备方法 先将石油乳液、水、无水乙醇和苯甲醇混合均匀，再加入十二烷基三甲基氯化铵、十六烷基三甲基溴化铵和脂肪醇聚氧乙烯醚，搅拌混合至完全溶解，最后加入羧甲基纤维素和4-氯-3,5-二甲酚，混合均匀后即得成品。

产品特性 本品对有色污渍有很好的去除效果，尤其是对圆珠笔油和墨水留下的污斑，去除率高达99%，并且该清洗剂在去除有色污渍的同时能够杀灭细菌，不损害纺织物本身。

配方 20 粉状织物洗涤剂

原料配比

原料	配比(质量份)		原料	配比(质量份)	
	1#	2#		1#	2#
丙烯酸和马来酸的共聚物	100	120	硫酸钠	23	35
聚天冬氨酸	68	97	十二烷基苯磺酸钠	12	19
聚乙二醇	26	39	椰油酰单乙醇胺	6	9
皂粉	46	78	次氮基三乙酸	1	6
荧光增白剂	适量	适量	淀粉的氧化产物	3	7

制备方法

(1) 先把所有的固体原料称量过筛，分出团粒和粗粒；

(2) 将液体原料在 90～100℃下加热 45～60min，把加热后的液体用硫酸钠混合 1～2min；

(3) 加入其他固体原料搅拌均匀，加少量水直至把团粒打碎，50～60℃下老化 3～4h 即可。

产品特性 本品制得的洗涤剂为粉状，去污效果好，且有增白柔顺功效，特别适合织物洗涤。

配方 21 复合酶洗涤剂

原料配比

原料	配比(质量份)		
	1#	2#	3#
十二烷基三甲基溴化铵	10	8	12
月桂醇聚氧乙烯(20)醚	10	5	8
椰油酰胺丙基甜菜碱	8	5	12
二丙二醇甲醚	2	5	3
三丁基铵对甲苯磺酸盐	1.5	3	0.5
二亚乙基三胺五乙酸五钠	0.5	1	1.5
双鼠李糖脂	2.5	2	1.5
甲基葡萄糖苷聚氧乙烯(20)醚	3	1	5
棉籽糖	4	1	5
4-甲基辛酸苯酯	0.5	0.8	1
植物提取物	6	4	8
丙二醇	3	6	4
三乙醇胺	3	1	5

续表

原料	配比(质量份)		
	1#	2#	3#
水	40	35	45
α-淀粉酶	2	3	1
碱性蛋白酶	3.5	1.5	2.5
碱性脂肪酶	1.5	2.5	3.5

制备方法 取十二烷基三甲基溴化铵、月桂醇聚氧乙烯（20）醚、椰油酰胺丙基甜菜碱、二丙二醇甲醚、三丁基铵对甲苯磺酸盐、二亚乙基三胺五乙酸五钠、双鼠李糖脂、甲基葡萄糖苷聚氧乙烯（20）醚、棉籽糖、4-甲基辛酸苯酯，并于反应釜中混合，升温至60～70℃搅拌30～40min，混合均匀，然后自然冷却至30～40℃，加入植物提取物、丙二醇、三乙醇胺和水搅拌混合均匀，最后于室温下加入α-淀粉酶、碱性蛋白酶和碱性脂肪酶，搅拌均匀，即得复合酶洗涤剂。

原料介绍 植物提取物采用如下步骤制备：将称取质量比为1∶1∶1的薄荷叶、金花茶叶和灵香草，将其研磨粉碎，过60目筛，加入5～8倍质量的水浸泡30～40min后，加热煮沸，冷却至60～70℃后过滤除去残渣，降至室温将提取液蒸发浓缩至体积的1/5，即得到所需植物提取物。

产品应用 本品主要应用于织物、面料、餐具洗涤，还可用于医疗器械的清洗，例如采用下述方法：使用后的器械置于超声波清洗机内，直接用复合酶洗涤剂和10倍量水的混合液浸泡5～10min，超声波清洗15～20min，再用高压水枪冲洗，然后漂洗、高压气枪吹干、热力消毒，即清洗完毕。

产品特性 本品通过酶促进剂、添加剂、稳定剂等的合适选择或组合，出乎意料地取得了优异的协同效果，表现出快速去除蛋白、油脂等污渍的洗涤效果。

配方22 复配婴幼儿用品洗涤剂

原料配比

原料		配比(质量份)		
		1#	2#	3#
脂肪醇聚氧乙烯醚硫酸钠		15	15	13.5
烷基糖苷		10	6.5	8.1
直链烷基苯磺酸钠		4	3	3.2
助剂	柠檬酸钠	2.5	1.9	1.9
	柠檬酸	2	2	1.6
增稠剂	氯化钠	2	2	1.6
防腐剂	苯甲酸钠	0.5	0.15	0.27

续表

原料		配比(质量份)		
		1#	2#	3#
杀菌消毒剂	二氧化氯	0.005	0.005	0.005
水		加至100	加至100	加至100

制备方法

(1) 将防腐剂和杀菌消毒剂溶解于水中并搅拌均匀；

(2) 向步骤(1)所得溶液中加入脂肪醇聚氧乙烯醚硫酸钠，搅拌至完全溶解；

(3) 向步骤(2)所得溶液中加入烷基糖苷，搅拌至完全溶解；

(4) 向步骤(3)所得溶液中加入直链烷基苯磺酸钠，搅拌至完全溶解；

(5) 在不断搅拌的条件下向步骤(4)所得溶液中缓慢加入助剂；

(6) 向步骤(5)所得溶液中加入增稠剂调节溶液黏度。

产品特性 本品成本低、清洁去污能力强、易于漂洗、成分温和、不含磷及醇类物质。本品采用复配的方式将脂肪醇聚氧乙烯醚硫酸钠、烷基糖苷和直链烷基苯磺酸钠按一定的配比构成清洗剂的主要成分，使清洁去污能力明显增强，还降低了清洗剂的成本。本品使用柠檬酸钠和柠檬酸作为助剂，使清洗剂成分中无含磷物质，清洗剂更环保。本品清洗剂成分温和，对皮肤无刺激，易于漂洗使物品中清洗剂的残留量减少，使用安全。

配方23 改进的棉制品专用洗涤剂

原料配比

原料	配比(质量份)		原料	配比(质量份)	
	1#	2#		1#	2#
碳酸钾	0.5	2	轻度氯化石蜡	2	6
氢氧化钠	6	10	脂肪醇聚氧乙烯醚	5	9
α-磺基脂肪酸烷基酯盐	15	22	防腐剂	2	4
苎烯	4	9	硫酸镁七水合物	2	6
米糠	2	8	硝基甲烷	1	5
椰油酰胺丙基甜菜碱	5	11	柠檬酸钠	4	10
钾皂	4	7	乙醇	2	4
脂肪醇聚氧乙烯醚硫酸钠	7	12	水	60	60
酯基季铵盐	3	8			

制备方法 将各组分溶于水混合均匀即可。

产品特性 本品洗涤剂，洗涤效果好，生产成本低廉，并且不影响棉纤维的结构。

配方 24 改进的家庭地毯清洗剂

原料配比

原料	配比(质量份)		
	1#	2#	3#
甘油单癸酸酯	4	5	3
椰油基单乙醇酰胺聚氧乙烯醚	18	15	20
硅酸铝	23	22	25
月桂基乙醚硫酸钠	12	10	15
直链藻	27	25	30
甘油	20	15	22

制备方法 将各组分原料混合均匀即可。

产品特性 本品节水高效、易漂洗和无残留，而且成本低廉、使用安全。本品具有较强的去污、乳化、脱脂、低泡性能，同时具有良好的节水功能，节约了使用成本且无毒、无刺激；具有去污性能强、无异味等优点，且不会对地毯造成损伤，达到节水和高效去污的目的。

配方 25 改进的羊绒清洗剂

原料配比

原料	配比(质量份)	原料	配比(质量份)
氢氧化钠	32	清香剂	5
水	55	软化剂	8

制备方法 将各组分原料混合均匀即可。

原料介绍 所述清香剂为樟脑。

所述软化剂包括磺化油和高碳数脂肪酸乳浊液。

产品特性 本品能使清洗后的羊绒保持清香，并且，由于长久使用的羊绒衫质感会慢慢变硬，加入软化剂后的清洗剂能使羊绒衫变软，提高了羊绒衫清洗剂的市场竞争力。

配方 26 改性的织物洗涤剂

原料配比

原料	配比(质量份)				
	1#	2#	3#	4#	5#
无患子提取液(皂苷含量 20%)	100(体积份)	—	—	—	—

续表

原料	配比(质量份)				
	1#	2#	3#	4#	5#
无患子提取液(皂苷含量16%)	—	100(体积份)	—	—	—
无患子提取液(皂苷含量14%)	—	—	100(体积份)	—	—
无患子提取液(皂苷含量15%)	—	—	—	100(体积份)	—
无患子提取液(皂苷含量18%)	—	—	—	—	100(体积份)
吡啶	110(体积份)	120(体积份)	100(体积份)	115(体积份)	105(体积份)
硫代甜菜碱	0.35	0.33	0.28	0.30	0.25
53%柠檬酸水溶液	30(体积份)	32(体积份)	28(体积份)	31(体积份)	29(体积份)
20%氨基磺酸水溶液	10.3(体积份)	9.5(体积份)	10.5(体积份)	9.5(体积份)	10(体积份)
氯磺酸	20(体积份)	19.5(体积份)	19(体积份)	18(体积份)	18.5(体积份)
AEO-9磷酸酯	4.8	5.1	5.2	5	4.9

制备方法 将无患子提取液、吡啶、硫代甜菜碱混合，搅拌均匀；加入53%柠檬酸水溶液、20%氨基磺酸水溶液，持续搅拌5～15min，这里搅拌反应目的是使反应物活化；加入氯磺酸，30～38℃下持续搅拌5～15h（该步骤进行酯化反应，产生部分无患子皂苷硫酸酯化衍生物）；加入AEO-9磷酸酯，持续搅拌0.5～3h后，静置12h以上（该步骤用于接枝并与酯化物、磺化物复配，产生由AEO-9磷酸酯改性的无患子皂苷衍生物，该衍生物具有表面活性剂的功能，亲油-亲水性更好，与油污的接触面大，能够很快地去除污渍，同时，通过改性，把一些有毒的、具有挥发性的、刺激性的基团、支链等取代或包裹、结合，使得该洗涤剂无毒无味）。

原料介绍 吡啶用作反应催化剂，硫代甜菜碱用作改性添加剂，53%柠檬酸水溶液、20%氨基磺酸水溶液共同起催化剂与活化剂的作用，加入氯磺酸是为了进行酯化。

所述的无患子提取液中皂苷体积分数为14%～20%。采用该体积分数，能够使得反应达到最高的效率，且成本最为节约。

所述的无患子提取液的制备可以包括如下步骤：无患子果肉捣碎，加入体积分数为2%的乙醇溶液，无患子果肉与乙醇溶液的质量体积比为1∶(4～8)g/mL，超声波常温破碎提取40～50min，过滤除渣，获得的液体蒸发浓缩至原体积的15%～25%。

产品特性 本品通过AEO-9磷酸酯对无患子提取物中皂苷的改性，大幅提高了无患子天然表面活性剂的活性，去污力大幅提高，可去除陶瓷表面的锈垢、污渍，改性后成品对人体更温和，其对人体眼睛的刺激性获得根本改变，生物降解性更好，且环保。

配方 27　高效棉制品专用洗涤剂

原料配比

原料	配比(质量份)		原料	配比(质量份)	
	1#	2#		1#	2#
牛蹄油	8	13	三氟三氯乙烷	2	8
豆麻油	4	11	三乙醇胺	5	9
草木樨	5	7	椰油酸	4	11
氯化钠	3	11	硅酮消泡剂	2	4
十二烷基苯磺酸钠	6	13	还原酶	2	6
液碱	1	3	纳米镍	1	5
丙二醇	7	10	水	55	55
异丙醇	7	11			

制备方法　将各组分混合均匀即可。

产品特性　本品洗涤效果好，同时具有一定的杀菌作用，并且不会损害棉制品。

配方 28　高效织物洗涤剂

原料配比

原料	配比(质量份)		
	1#	2#	3#
草木樨	21	15	25
脂肪醇聚氧乙烯醚	17	15	20
聚氧乙烯醚硫酸盐	15	15	20
硅酸钠盐	4	2	6
单乙醇胺和三乙醇胺的混合物	4	3	5
果胶酶和氧化酶的混合物	2.5	1	3
甘油	25	20	25
乙醇	25	25	30

制备方法　将各组分混合均匀即可。

原料介绍　单乙醇胺和三乙醇胺的混合物为 1.5 份单乙醇胺和 2 份三乙醇胺混合而成。

果胶酶和氧化酶的混合物为 2 份果胶酶和 3 份氧化酶混合而成。

产品特性　本品洗涤剂能够快速且彻底地去除附着于衣物上的油污、汗渍及其他污染物等，从而提高对普通衣物的洗涤效率；另外，本品洗涤剂对于用于洁净室操作的无尘服的洗涤效果也优良，能够提高对无尘服的洗涤效率，从而提高对无尘服的利用次数。

配方 29 含烟碱洗涤剂

原料配比

原料	配比(质量份)			
	1#	2#	3#	4#
烟碱	0.3	0.5	0.7	1
烷基苯磺酸钠	20	24	20	24
脂肪醇聚氧乙烯醚	11	16	16	11
脂肪醇醚硫酸钠	8	10	8	10
AES	1	2	2	1
二甲苯磺酸钠	4	6	4	6
醇	2	4	4	2
甲醛	0.1	0.2	0.1	0.2
精盐	0.4	0.5	0.5	0.5
香精	0.1	0.1	0.1	0.1
水	3000	3000	3000	3000

制备方法 将原料混合物搅拌均匀即得产品。

产品应用 本品主要应用于织物洗涤。

产品特性 本品具有配方科学、合理，天然环保，去油污力强等优点。

配方 30 含盐烷醇酰胺洗涤剂

原料配比

原料	配比(质量份)		原料	配比(质量份)	
	1#	2#		1#	2#
水	100	100	苯甲酸钠	0.1	0.2
十二烷基硫酸钠	2	3	精盐	0.5	0.2
烷醇酰胺	7	6	香精	0.1	0.1
AES	1	2			

制备方法

(1) 将水置于容器中。

(2) 将十二烷基硫酸钠投入水中，慢慢搅拌，使其完全溶解。

(3) 再将烷醇酰胺投入水中，搅拌均匀。

(4) 然后，向水中慢慢地加入精盐，边加边搅拌，直至产品黏稠为止。

(5) 加入苯甲酸钠，搅拌均匀。

(6) 再加香精和AES，搅拌均匀即为产品。

产品应用 本品主要应用于织物洗涤。

产品特性 本品具有配方科学、合理，去油污力强，泡沫适中，容易漂洗等优点。

配方31 合成洗涤剂皂条

原料配比

原料	配比(质量份)	原料	配比(质量份)
十二烷基硫酸钠	14	碳酸钙	16
十二烷基苯磺酸钠	4	乙二醇	42
三聚磷酸钠	4		

制备方法 将上述物料混合，在物料混合前黏合剂事先加热熔化（黏合剂乙二醇的熔点为50～54℃），然后和其他物料混合，在三辊式粉碎机上粉碎2次后加入香精再粉碎，出皂片，再密封加热，制皂机器出条口预热、加热、真空挤出，出条、成型。

原料介绍 表面活性剂为十二烷基硫酸钠和十二烷基苯磺酸钠，洗涤助剂为三聚磷酸钠，填充剂为硅酸盐、硫酸钠、碳酸钙中的一种或几种，黏合剂为乙二醇。

产品应用 本品主要应用于织物洗涤。

产品特性 本品皂条配方合理，由于在配方中采用了黏合剂，制成的合成洗涤剂皂条克服了易烂的缺点，泡沫丰富，洗涤效果好，皂条制备加工工艺简单，在常规的香皂挤出机上就可以加工制备合成洗涤剂皂条。

配方32 加酶洗涤剂

原料配比

原料	配比(质量份)		原料	配比(质量份)	
	1#	2#		1#	2#
烷基苯磺酸钠	30	—	碳酸钠	6	12
三聚磷酸钠	17	—	羧甲基纤维素钠	1	1
十二烷基苯磺酸钠	—	20	硫酸钠	34	10
脂肪醇聚氧乙烯醚硫酸钠	—	10	4A沸石	—	29.5
三乙醇胺	—	1	碱性蛋白酶	1	2
荧光增白剂	—	0.3	碱性脂肪酶	1	2
香料	—	0.2	纤维素酶	1	2
硅酸钠	8	8	淀粉酶	1	2

制备方法 将各组分混合均匀即可。

原料介绍 加酶洗涤剂成分（即常规加酶洗涤剂）中的主要组分可以是洗涤剂领域已知的，除洗涤剂的常规配方以外，还包括酶，如生物酶，通常为蛋白酶、碱性脂肪酶、淀粉酶或纤维素酶。加酶洗涤剂中的生物酶可以是单种酶，也可以是多种酶的组合，如蛋白酶与脂肪酶组合。本领域常用的生物酶包括：碱性蛋白酶、碱性脂肪酶、淀粉酶或纤维素酶等。

表面活性剂可以是阴离子表面活性剂、阳离子表面活性剂、两性离子表面活性剂、非离子表面活性剂以及它们的组合，如表面活性剂可以选自羧酸盐类表面活性剂、直链烷基苯磺酸（LAS）、脂肪醇硫酸盐（AS或FAS）、仲烷烃磺酸盐（SAS）、*α*-烯烃磺酸盐（AOS）、脂肪醇聚氧乙烯醚硫酸盐（AES）、脂肪醇聚氧乙烯醚（AE）、甲酯磺酸盐或*α*-磺基脂肪酸甲酯（MES）、烷基多糖苷（APG）、*N*-烷基葡糖酰胺（AGA）、烷基酚聚氧乙烯醚（APE）、脂肪烷醇酰胺（FAA）、甘油/脂肪酸酯、聚乙二醇/脂肪酸酯、甜菜碱衍生物、咪唑啉衍生物等中的一种或多种。

污渍悬浮剂可以选自羟甲基纤维素（钠）、聚氧乙烯醇、聚乙烯吡咯烷酮、高分子聚丙烯酸、羟丙基甲基纤维素、乙基羟乙基纤维素、羧基甲基淀粉、树胶等中的一种或多种。

水软化剂可以选自磷酸盐、含氮有机螯合剂及丙烯酸类聚合物、偏硅酸钠、沸石、碳酸钠、硅酸钠等中的一种或多种。

产品应用 本品主要应用于织物洗涤。

产品特性 本品对人体健康无害，对环境亦无污染，具有安全、环保等优点。

配方33 加酶液体洗涤剂

原料配比

原料	配比(质量份)			
	1#	2#	3#	4#
AEO-9	10	10	10	10
N-月桂酰肌氨酸钠	4	4	4	4
三乙醇胺	3	3	3	3
顺丁烯二酸钠	2	2	2	2
硫代硫酸钠	0.3	0.3	0.3	0.3
蛋白酶	1	1	1	1
N,*N*-二乙基-2-苯基乙酰胺	0.3	—	0.3	0.3
嘧螨胺	0.1	0.25	—	0.2

续表

原料	配比(质量份)			
	1#	2#	3#	4#
乙螨唑	0.1	0.25	0.2	—
水	加至100	加至100	加至100	加至100

制备方法 在混合釜中，先加入水，再加入三乙醇胺和硫代硫酸钠，加热至50～60℃，在搅拌条件下加入AEO-9、*N*-月桂酰肌氨酸钠和顺丁烯二酸钠，搅拌均匀，降温至30～40℃，按配方要求再加入蛋白酶和除螨剂，搅拌均匀，即可得到本品的加酶液体洗涤剂。

产品应用 本品主要应用于织物洗涤。

产品特性 本品能够去除难溶污渍，去污力强。

配方34 家纺专用护理洗涤剂

原料配比

原料	配比(质量份)				
	1#	2#	3#	4#	5#
脂肪酸甲酯磺酸钠	4	6	6	10	10
脂肪醇聚氧乙烯醚硫酸钠	10	5	10	15	15
α-烯烃磺酸钠	2	2	3	2	2.5
二壬酸丙二醇酯	4	2	6	8	8
水	80	85	80	65	64
薰衣草香精	0.3	—	—	—	—
玫瑰香精	—	0.2	—	—	—
葡萄柚香精	—	—	0.3	—	0.25
芦荟香精	—	—	—	0.3	—

制备方法

(1) 将脂肪酸甲酯磺酸钠加入40～45℃的水中，同时搅拌均匀，冷却，制得脂肪酸甲酯磺酸钠水溶液；

(2) 将脂肪醇聚氧乙烯醚硫酸钠加入30～35℃的水中，同时搅拌均匀，制得脂肪醇聚氧乙烯醚硫酸钠水溶液；

(3) 将α-烯烃磺酸钠加入步骤(2)所得脂肪醇聚氧乙烯醚硫酸钠水溶液中，同时搅拌均匀，冷却，制得混合溶液；

(4) 将步骤(3)所得混合溶液加入步骤(1)所得脂肪酸甲酯磺酸钠水溶液中，同时搅拌均匀；

(5) 调节溶液pH值为6.5～7.5；

(6) 加入香精；

(7) 加入二壬酸丙二醇酯，同时搅拌均匀；

(8) 调节黏度；

(9) 静置，收集，得到洗涤剂。

原料介绍 脂肪酸甲酯磺酸钠：阴离子表面活性剂，本品所用的高效表面活性剂和钙皂分散剂，具有优良的去污性、抗硬水性。

脂肪醇聚氧乙烯醚硫酸钠：阴离子表面活性剂，易溶于水，具有优良的去污、乳化、发泡性能和抗硬水性能，其洗涤性质较温和，因为纤维织物一般较为柔滑飘逸，悬垂感较好，所以采用该表面活性剂不会对家纺用纤维织物造成损伤。

α-烯烃磺酸钠：阴离子表面活性剂，除皂洗去污性能之外，本品选用其的原因是其具有较好的润湿性能，可降低表面张力，使洗涤剂迅速渗透进织物中，同时在家纺产品的常温和长时间情况下具有更好的洗涤效果。

二壬酸丙二醇酯：非离子表面活性剂，与阴离子表面活性剂配合使用能有效提高洗涤剂的活性、稳定性，并且其对纤维素纤维的柔性作用较好，对纤维织物手感有较好的保护作用。

产品应用 本品主要应用于织物洗涤。

产品特性

(1) 本品为提高洗涤剂的稳定性，选用阴离子表面活性剂及两性表面活性剂复配，保证洗涤剂体系具有耐温热稳定性，不产生任何分层或沉淀。

(2) 经检测，所有原料本身 pH 值范围均在 7～8，不存在碱性成分，溶解时也不需要加入碱剂助溶，大大降低了其对人体皮肤的刺激性。

(3) 不含磷及其化合物，减轻了家庭洗涤排出生活废水对环境的压力，紧跟目前液体洗涤剂开发方向。

(4) 不含荧光增白剂，更适合家用纺织品洗涤，并使用具有柔软效果的表面活性剂，保证了洗涤剂对于家纺棉面料的洗护效果。

配方 35 家用安全环保洗涤剂

原料配比

原料	配比(质量份)		
	1#	2#	3#
丙烯酸-马来酸酐共聚物	20	15	25
二乙二醇丁醚	11	10	12
小麦胚芽饼粉	18	15	20
抗絮凝剂	2	1	3

续表

原料	配比(质量份)		
	1#	2#	3#
还原酶和葡聚糖酶的混合物	4	3	5
香精	0.8	0.5	1
甘油	15	10	20
乙二醇	20	15	25

制备方法 将各组分混合均匀即可。

原料介绍 还原酶和葡聚糖酶的混合物为2.5份还原酶和3份葡聚糖酶混合而成。

产品应用 本品主要应用于织物洗涤。

产品特性 本品提高了洗涤剂的去污能力；本品是将普通的常规加酶洗涤剂组成物与葡聚糖酶按照比例进行均匀混合，无需特殊的制备工艺，在提高去污能力的同时并没有增加成本；本品对人体健康无害，对环境亦无污染，具有安全、环保等优点，同时还具有皮肤保健功能。

配方36 家用织物洗涤剂

原料配比

原料	配比(质量份)		
	1#	2#	3#
脂肪醇聚氧乙烯醚羧酸盐	18	15	25
甲基异噻唑啉酮	0.6	0.5	0.8
淀粉酶	1.5	1	2
酶稳定剂	0.5	0.2	0.5
失水山梨糖醇酯	3	2	5
淀粉酶	0.2	0.1	0.3
蛋白酶	0.4	0.2	0.5
表面活性剂	2	1.5	2.5
甘油	20	15	25
去离子水	20	15	25

制备方法 将各组分混合均匀即可。

原料介绍 表面活性剂为烷基磺酸盐。

产品应用 本品主要应用于织物洗涤。

产品特性 本品性质温和，不损伤手部肌肤；保护纤维，洗后令织物柔软；泡沫适中，易于冲洗，省时省力；绿色环保配方，而且也不含铝、荧光增白剂等对环境和生态的有害成分。

配方 37 兼有去污和柔软功能的洗涤剂

原料配比

原料	配比(质量份)				
	1#	2#	3#	4#	5#
脂肪醇聚氧乙烯醚羧酸钠	10	8	6	5	1
1-牛油酰胺基乙基-1-甲基-2-牛油基咪唑啉硫酸甲酯铵	0.5	3	5	5	6
双氢化牛脂基二甲基硫酸甲酯铵盐	7	4	6	2	0.5
烷基葡萄糖苷	9	2	4	6	5
月桂酰胺丙基甜菜碱	1	6	5	1	4
椰油酰胺丙基氧化铵	3	4	3	6	0.5
脂肪醇聚氧乙烯(9)醚	5	10	1	4	6
脂肪醇聚氧乙烯(7)醚	3	0.5	5	2	3
脂肪醇聚氧乙烯(5)醚	20	5	10	12	.15
香精	0.2	0.2	0.4	0.3	0.3
1,2-苯并异噻唑啉-3-酮	0.1	0.5	0.3	0.2	0.25
一水柠檬酸	2	1.5	1	0.8	0.05
去离子水	39.2	55.3	53.3	55.7	58.4

制备方法

按所述原料质量份，将其中去离子水总量的70%～85%加热至60～80℃并置于化料釜中，然后边搅拌边加入脂肪醇聚氧乙烯（9）醚，脂肪醇聚氧乙烯（7）醚、脂肪醇聚氧乙烯（5）醚、脂肪醇聚氧乙烯醚羧酸钠、烷基葡萄糖苷、月桂酰胺丙基甜菜碱、椰油酰胺丙基氧化铵、1-牛油酰胺基乙基-1-甲基-2-牛油基咪唑啉硫酸甲酯铵、双氢化牛脂基二甲基硫酸甲酯铵盐，待所述原料全部溶解后，冷却至35～45℃，再加入香精、1,2-苯并异噻唑啉-3-酮及剩余去离子水，搅拌均匀后用一水柠檬酸调整pH值为6～7，再次搅拌均匀并静置，得到兼有去污和柔性功能的洗涤剂。

产品应用 本品主要应用于织物洗涤。

产品特性

（1）本品克服了阳离子表面活性剂复配时易生成无表面活性的大分子基团造成活性剂失活的缺陷，对离子表面活性剂进行合理配伍，加入了柔软性、乳化力、抗静电能力俱佳的温和、低刺激两性表面活性剂协同作用，在清洁织物的同时增加织物柔软的质感。

（2）本品稳定性、水溶性、柔软性好，护色效果显著，可保护织物、降低洗涤成本。

(3) 本品对环境友好，无毒、无刺激，去污、使织物柔软、除静电一次完成，从而节约资源，提高效率。

配方 38 节水型洗涤剂

原料配比

原料		配比(质量份)				
		1#	2#	3#	4#	5#
阴离子表面活性剂	AEC-400	40.2	4.5	4.5	15	30
	椰油醇硫酸钠	9	—	—	—	—
	十二烷基聚氧乙烯醚硫酸钠	—	—	145.5	—	—
	琥珀酸二异辛酯磺酸钠	—	—	—	50	—
	脂肪酸甲酯磺酸钠	—	—	—	35	45
	十六烷基硫酸钠	—	—	—	—	45
	十二烷基苯磺酸钠	10.8	145.5	—	—	—
非离子表面活性剂	吐温-40	100	—	—	—	—
	吐温-60	—	—	20	—	—
	吐温-80	—	—	—	10	—
	月桂酸二乙醇酰胺	—	—	20	—	—
	硬脂酸二乙醇酰胺	—	—	—	—	50
	椰油酸二乙醇胺	—	30	—	—	—
两性表面活性剂	椰油酰胺丙基甜菜碱	30	—	—	—	—
	月桂酰胺乙基羟乙基甘氨酸钠	—	—	—	30	—
	十八烷基二羟乙基氧化胺	50	—	—	50	—
	十二烷基二甲基甜菜碱	—	10	—	—	—
	十二烷基氨基丙酸钠	—	—	30	—	—
	十二烷基二甲基磺丙基甜菜碱	—	—	10	—	—
	十二烷基乙氧基磺基甜菜碱	—	—	—	—	30
香精		3	2	5	5	4
去离子水		757	808	765	805	796

制备方法 在30～70℃的去离子水中加入所选用的阴离子表面活性剂，搅拌2～5h至均匀；30～40℃下加入非离子表面活性剂，搅拌0.5～2h至均匀；30～40℃下加入两性表面活性剂，搅拌0.5～2h至均匀；在30～40℃下加入香精，搅拌均匀，制得产品。

产品应用 本品主要应用于织物洗涤。

产品特性

(1) 利用阴离子和非离子表面活性剂复配后较强的去污、乳化、脱脂、低泡性能，以及两性表面活性剂的温和性协同作用，得到一个稳定的离子体系，同时具有良好的节水功能，且无毒、无刺激，节约了使用成本。

(2) 阴离子表面活性剂 AEC-400 的加入，增强了污垢的分散和悬浮能力，能将物品表面上脱落下来的液体油污乳化成小油滴而分散悬浮于水中；非离子表面活性剂协同两性表面活性剂的作用，使油-水界面带电而阻止油滴的并聚，增加了其在水中的稳定性，阻止污垢再沉积于衣物表面。

(3) 对进入水相中的固体污垢，因污垢表面存在同种电荷，当其靠近时产生静电斥力而提高了固体污垢在水中的分散稳定性；非离子型表面活性剂的加入，通过较长的水化聚氧乙烯链产生空间位阻效应使油污和固体污垢分散并稳定于水中。

(4) 阴离子表面活性剂 AEC-400 可以改变泡沫性质，显著消除漂洗期间的泡沫，减少漂洗次数，达到节水的目的。

(5) 不用加入助洗剂如焦磷酸钾、柠檬酸钠等，易于生物降解。

(6) 由于阴离子表面活性剂 AEC-400 的加入，即使为中性时，也有高效的去污作用。

配方 39　节水型重垢结构液体洗涤剂组合物

原料配比

原料	配比(质量份)				
	1#	2#	3#	4#	5#
阴离子表面活性剂	13	15	14	21	18
非离子表面活性剂	3	5	3	3	3
易冲洗表面活性剂	10	4.5	8	5	3
4A 沸石	20	18	20	20	15
碳酸钠	3	4	3	3	6
硅酸钠	4	5	5	5	3
柠檬酸钠	—	3	—	5	5
抗絮凝剂	0.1	0.08	0.2	0.2	0.4
荧光增白剂	—	0.2	0.2	0.2	—
洗涤用酶	—	—	—	1	—
防腐剂	—	—	0.05	0.1	—
香精	0.2	—	—	—	—
水	加至 100	加至 100	加至 100	加至 100	加至 100

制备方法

20～70℃下，将阴离子表面活性剂、非离子表面活性剂和易冲洗表面活性剂加入水中，充分搅拌至上述物料全部溶解，冷却至室温，加入洗涤用酶，搅拌均匀后继续搅拌 30～50min；然后在 30～100r/min 的搅拌速度下，依次加入 4A 沸石、碳酸钠、柠檬酸钠、硅酸钠、抗絮凝剂、防腐剂、荧光增白剂、香精，控制加料速度使所有固体物料在 1～5h 内加完，继续搅拌 60～120min，至产品呈均匀悬浮状态混合均匀，得到所要的结构型液体洗涤剂。产品外观呈乳白色均匀悬浮状，具有较高的黏度、较好的流动性。

原料介绍 所述的阴离子表面活性剂包括：烷基苯磺酸钠（LAS）、脂肪酸甲酯磺酸盐（MES）、脂肪醇聚氧乙烯醚硫酸盐（AES），以及 α-烯基磺酸盐（AOS）中的任意两种。

所述的非离子表面活性剂包括：脂肪醇聚氧乙烯（7 或 9）醚、壬基酚聚氧乙烯（10）醚、烷基糖苷 APG（C_{12}～C_{14}）等。

所述的易冲洗表面活性剂包括：羧酸盐系列表面活性剂或磷酸酯系列两性表面活性剂。

产品应用 本品主要应用于织物洗涤。

产品特性

（1）节水性能好，可以节省大约 1/3 的漂洗用水；

（2）抗硬水性能好；

（3）高低温稳定性好；

（4）贮存稳定性好。

配方 40 精细织物洗涤剂

原料配比

原料	配比(质量份)		原料	配比(质量份)	
	1#	2#		1#	2#
壬基酚聚氧乙烯醚磺基琥珀酸单酯钠	15	20	凯松	0.12	0.25
			氯菊酯	0.1	0.2
双十八烷基二甲基氯化铵	5	10	荧光增白剂	0.1	0.2
二羟乙基咪唑啉	2	4	香精	0.4	0.8
茶皂素	4	7	水	145	175

制备方法 先将壬基酚聚氧乙烯醚磺基琥珀酸单酯钠、二羟乙基咪唑啉和茶皂素溶于水中，然后加入双十八烷基二甲基氯化铵、凯松和氯菊酯，混合均匀后再加入荧光增白剂，最后加入香精，混合均匀即得成品。

产品应用 本品主要应用于织物洗涤。

产品特性 本品去污能力强，不损伤织物纤维，不会使织物褪色，并且同时具有杀菌、防霉、防蛀和增白的效果。

配方 41　净白浓缩布草洗涤剂

原料配比

原料	配比(质量份)		
	1#	2#	3#
茶皂素	10～18	13～20	12～18
椰油基葡糖苷	8～15	10～16	10～14
椰油酰胺丙基甜菜碱	6～10	6～10	4～10
椰油酸甲酯乙氧基化物	2～8	2～6	3～6
葡萄糖酸钠	3～6	3～6	4～6
酒精	2～6	2～6	2～6
碱性蛋白酶	0.1～0.9	0.1～0.9	0.1～0.9
淀粉酶	0.1～0.9	0.1～0.9	0.1～0.9
软化水	加至100	加至100	加至100

制备方法

(1) 计算配制净白浓缩布草洗涤剂所需各成分用量，并准确称量；

(2) 将软化水加热至50℃，搅拌下依次缓慢加入茶皂素、椰油基葡糖苷、椰油酰胺丙基甜菜碱、椰油酸甲酯乙氧基化物、葡萄糖酸钠、酒精，搅拌15min；

(3) 冷却至室温后加入碱性蛋白酶、淀粉酶，搅拌均匀；

(4) 用抽滤泵泵入储存罐，去除杂质，纯化产品；

(5) 质检，检验合格后分装入库。

原料介绍　茶皂素又名茶皂苷，是由油茶 Camellia Oleifera Abel. 的籽中提取的一类糖苷化合物，是一种非离子型天然表面活性剂，具有良好的乳化、分散、发泡、湿润等功能，并且具有消炎、镇痛、抗渗透等药理作用。茶皂素水溶液 pH 值为5.5～6.5，弱酸性，在本体系中充当润湿剂、乳化剂，能快速湿润污渍并使其乳化分散、溶解。

椰油基葡糖苷兼具普通非离子和阴离子表面活性剂的特性，生物降解快而安全，人们称之为“绿色表面活性剂”。椰油基葡糖苷具有良好的协同增效作用，与茶皂素、椰油酰胺丙基甜菜碱、椰油酸甲酯乙氧基化物复配，可以提高配方总活性物含量，并且很好地改善了液体洗涤剂的低温稳定性和储藏稳定性，赋予洗涤剂柔软性、抗静电性和防缩性。

椰油酰胺丙基甜菜碱有优良的溶解性、发泡性、抗静电性、生物降解性和配伍性，与茶皂素和椰油基葡糖苷配伍使用时能显著提高洗涤剂的柔软性、调理性和低温稳定性。

椰油酸甲酯乙氧基化物是用椰油为原料制得的一种新型非离子表面活性剂，易溶于水，低泡产品，对油脂增溶能力强，对皮肤刺激性低，生物降解性好，对环境无污染。

葡萄糖酸钠也称为五羟基己酸钠，为直链单糖盐，其水解后也可以形成一价正离子和有机阴离子，具有优异的缓蚀阻垢作用，对钙、镁、铁盐具有很强的络合能力，被广泛应用于水质软化剂、螯合剂。

碱性蛋白酶是由芽孢杆菌制得，分解奶渍、血渍等多种蛋白质污垢成易溶于水的小分子肽。布草上脂质污垢的主要成分是甘油三酯。甘油三酯很难被一般洗衣液中的表面活性剂乳化，而留在衣物上的甘油三酯容易发生氧化反应，使纺织品变黄变脆。碱性脂肪酶制剂能将甘油三酯水解成容易被水冲洗掉的甘油二酯、甘油单酯和脂肪酸，从而达到清除衣物上脂质污垢的目的。

淀粉酶是将淀粉水解，变成糊精或麦芽糖的酶。餐饮类布草上常见的淀粉类污垢有巧克力、土豆泥、面条、粥等，淀粉酶对这类污垢去除效果良好。同时，淀粉酶和碱性蛋白酶之间具有很好的协同作用。实际污垢中的成分极其复杂，如蛋白质类、脂肪类、淀粉类可能共存，所以利用酶制剂的复配，可以大大提高去污效果。

产品应用 本品主要应用于布草洗涤。

产品特性

（1）采用生物提取绿色表面活性剂，配制新型活性体系，中性温和，活性分子能深入织物纤维内部，将污垢迅速溶解，不伤织物牢度；

（2）与传统的固体布草洗涤剂相比，液体洗涤剂使用前无需溶解，可自动化加料，使用方便，利于洗衣厂大规模生产保证洗涤质量、节约人力成本；

（3）产品不含人工合成香料或颜料，不含荧光剂、磷酸、磷酸盐等有害化学物质；

（4）2倍浓缩，用量更少，易漂洗，无残留；

（5）制作工艺简单，配方灵活，产品生物降解性好；

（6）有效成分稳定，作用持久，保质期长。

配方42 具有彩漂效果的液相洗涤剂

原料配比

原料	配比(质量份)				
	1#	2#	3#	4#	5#
脂肪醇聚氧乙烯醚	20	20	20	20	20
甘油	20	20	20	20	20
乙醇	10	15	20	10	15

续表

原料	配比(质量份)				
	1#	2#	3#	4#	5#
柠檬酸钙	0.1	0.1	0.1	0.1	0.1
柠檬酸钠	0.1	0.2	0.6	0.1	0.2
聚苯乙烯	0.3	0.5	1.5	0.3	0.5
α-烯基磺酸钠	20	20	20	20	20
聚乙烯吡咯烷酮	0.5	1	1.5	0.5	1
碱性蛋白酶	1	1	1	—	—
脂肪酶	—	—	—	0.5	0.5
淀粉酶	—	—	—	0.5	0.5
氯化钠	1.8	1.8	1.8	1.8	1.8
香料	1.6	1.6	1.6	1.6	1.6
去离子水	加至100	加至100	加至100	加至100	加至100

制备方法 首先量取配方中指定分量的去离子水和乙醇，混合均匀后放在磁力搅拌器上搅拌备用，然后量取各种洗涤助剂和酶稳定剂（如：柠檬酸钠、柠檬酸钙、氯化钠、甘油、香料等）加入其中，再次加入表面活性剂，在搅拌下混合均匀，最后量取定量的所需酶溶解在混合溶液中，搅拌均匀即可。

原料介绍 所述的α-烯基磺酸钠也可用线性烷基苯磺酸钠进行替换。

本品中洗涤酶在产品配方中起到关键作用。淀粉酶能使淀粉变为分子量较小的易溶性物质，从而达到洗涤的目的。配制加酶的液体洗涤剂，最关键的是保持酶在水中的稳定性，需加入酶稳定剂。配方中的脂肪醇聚氧乙烯醚是一种非离子表面活性剂，作为乳化剂，低温、低泡、耐硬水；甘油作为酶稳定剂使用；柠檬酸钙是一种辅酶，用来激活酶的最大活性；柠檬酸钠作为螯合剂络合硬度离子；乙醇是物相调节剂；聚苯乙烯是遮光剂；氯化钠是增稠剂；α-烯基磺酸钠是一种阴离子表面活性剂，刺激性低、生物降解性好、去污力强、耐硬水；线性烷基苯磺酸钠是一种阴离子表面活性剂，作用同α-烯基磺酸钠，价格相对低廉，效果略差。

产品应用 本品主要应用于织物洗涤。

产品特性 本品不含氧系漂白剂，具有去污力强、生物降解性好、对人体、衣物安全性高的特点。

配方 43 具有护色功能的织物洗涤剂

原料配比

原料	配比(质量份)				
	1#	2#	3#	4#	5#
脂肪醇聚氧乙烯醚硫酸钠	25.5	12	10	24	25

续表

原料	配比(质量份)				
	1#	2#	3#	4#	5#
月桂酰胺丙基甜菜碱	4	3.5	2	2	3
烷基葡萄糖苷	5	6	8	6	4.5
脂肪醇聚氧乙烯(9)醚	0.5	5	8	0.5	2
α-烯基磺酸钠	0.5	5	4	0.5	0.5
3-甲氧基-3-甲基-1-丁醇	3	1	1	0.5	5
聚乙烯吡咯烷酮	1	1	0.5	0.5	0.5
氯化钠	2.4	6	5.5	2.5	2
1,2-苯并异噻唑啉-3-酮	0.1	0.1	0.1	0.1	0.1
香精	0.2	0.3	0.1	0.3	0.15
一水柠檬酸	0.2	0.1	0.05	0.12	0.2
去离子水	57.8	60	60.75	62.98	57.05

制备方法

(1) 将所述的去离子水其中的70%～85%加热至60～80℃，然后在搅拌下按照上述配比加入所述的脂肪醇聚氧乙烯醚硫酸钠、月桂酰胺丙基甜菜碱、烷基葡萄糖苷、脂肪醇聚氧乙烯(9)醚、α-烯基磺酸钠、3-甲氧基-3-甲基-1-丁醇、聚乙烯吡咯烷酮至完全溶解，得到混合物A；

(2) 将所述的混合物A冷却至35～45℃，加入所述的1,2-苯并异噻唑啉-3-酮、香精、氯化钠、剩余去离子水、一水柠檬酸，搅拌均匀，得到混合物B；

(3) 将所述的混合物B静置100～120min，即得所述的具有护色功能的织物洗涤剂，再进行灌装出品。

原料介绍 所述的脂肪醇聚氧乙烯醚硫酸钠、脂肪醇聚氧乙烯(9)醚、α-烯基磺酸钠、3-甲氧基-3-甲基-1-丁醇复配具有良好的润湿、发泡、分散、乳化能力，赋予体系优良的去污能力，能够有效清除衣物沾染的油污、菜渍等污垢。

所述的月桂酰胺丙基甜菜碱、烷基葡萄糖苷可以降低体系的刺激性，泡沫细腻、温和，赋予织物柔软的质感，并能保护织物的颜色。

所述的聚乙烯吡咯烷酮为护色剂，与其他组分复合配伍，在达到良好去污力的同时起到固色、护色作用。

产品特性

(1) 本品中，将表面活性剂与固色剂复合增效，在清洁织物的同时可降低或减少由于洗涤过程产生的外观和颜色损失，而且还给以前洗涤过的外观和颜色已经退化的衣物提供明显外观改进。

(2) 本品以具有优良的去污、乳化和发泡能力的阴离子表面活性剂为主，与温和、低刺激的非离子表面活性剂，具有柔软、抗静电和润湿性能的两性表面活性剂，渗透促进剂，固色剂复配，协同增效，在达到良好去污力的同时固色、护色。

（3）本品水溶性好，柔软性好，护色效果显著，可保护织物、降低洗涤成本。

（4）本品对环境友好、无毒、无刺激，去污、护色、使织物柔软一次完成，从而节约了资源、提高了效率。

配方 44　具有杀菌作用的洗涤剂

原料配比

原料	配比(质量份)		
	1#	2#	3#
二甲苯磺酸钠	2	6	4
香料	1	3	2
烷基酚聚氧乙烯醚	3	8	5
十二烷基磺酸钠	4	7	5.5
乙二醇硬脂酸酯	1	5	3
非离子表面活性剂	3	6	4.5
碳酸钠	4	9	7
硼砂	2	6	4
淀粉酶和纤维素酶的混合物	3.5	8	5.5
异丙醇	5	10	8
柠檬酸	1	6	4
高铝酸钠	2	4	3
醋酸氯己啶	3.2	6	4.5
铝酸钠	3	5	4

制备方法　将各组分混合均匀即可。

产品应用　本品主要应用于织物洗涤。

产品特性　本品具有无毒、低泡的特点，在清洗的同时具有杀菌作用，同时对环境的污染较小，是一种理想的洗涤剂。

配方 45　抗静电地毯洗涤剂

原料配比

原料	配比(质量份)		
	1#	2#	3#
阳离子水溶性丙烯酸共聚物	15	25	20
碳酸氢钠	8	10	9

续表

原料	配比(质量份)		
	1#	2#	3#
三聚磷酸钠	4	5	4.5
尿素	30	40	35
苯甲酸钠	10	12	11
四乙酰乙二胺	4	6	5
去离子水	30	40	35

制备方法 在70℃以上，将碳酸氢钠、三聚磷酸钠和苯甲酸钠混合物加入筒式流化床，依次喷入阳离子水溶性丙烯酸共聚物、尿素、四乙酰乙二胺和去离子水，混合均匀即可。

产品特性 本品抗静电地毯洗涤剂，使用方便，去污力强，洗涤地毯之后还能保证地毯不产生静电，这样地毯上不容易吸附灰尘。

配方46 抗静电洗涤剂

原料配比

原料	配比(质量份)	原料	配比(质量份)
三羟乙基甲基季铵甲基硫酸盐	10	三甘醇	6
直链烷基苯磺酸钠	10	香料	0.5
椰油基单乙醇酰胺聚氧乙烯醚	8	水	加至100

制备方法

(1) 在搪瓷釜或不锈钢反应釜中加入水、直链烷基苯磺酸钠、三羟乙基甲基季铵甲基硫酸盐、椰油基单乙醇酰胺聚氧乙烯醚及三甘醇，充分搅匀；

(2) 将混合液静置后过滤，滤液中加入香料，混匀后包装。

原料介绍 三羟乙基甲基季铵甲基硫酸盐为浅黄色油状黏稠液体，易溶于水，有吸湿性，可与阴离子表面活性剂、非离子表面活性剂混合使用，在本洗涤剂中用作抗静电剂。直链烷基苯磺酸钠在本洗涤剂中用作表面活性剂。

椰油基单乙醇酰胺聚氧乙烯醚为淡黄色胶状体或液体，由单乙醇胺、椰油酸经酰胺化、缩合反应制得，适用于重垢液体洗涤剂，在本洗涤剂中用作乳化剂。

产品应用 本品主要应用于织物洗涤。

产品特性 本品提供的抗静电洗涤剂，是由表面活性剂及其他添加剂配制而成，用于洗涤丙烯腈、聚酯、聚酰胺等纤维织物，有良好的抗静电性能，使之不易产生和积累静电。

配方 47 抗静电织物洗涤剂

原料配比

原料	配比(质量份)		
	1#	2#	3#
水	70	65	60
三羟乙基甲基季铵甲基硫酸盐	4	6	8
直链烷基苯磺酸钠	10	8	12
聚氯乙烯 *N*-单乙醇乙酰胺	3.5	3.5	4.5
三甘醇	2	4	5
三聚磷酸钠	10	13	10
荧光增白剂	0.3	0.2	0.3
香料	0.2	0.3	0.2

制备方法 将各组分混合均匀即可。

原料介绍 所述的三羟乙基甲基季铵甲基硫酸盐为抗静电剂。

所述的直链烷基苯磺酸钠为表面活性剂。

所述的三聚磷酸钠为洗涤助剂。

所述的聚氯乙烯 *N*-单乙醇乙酰胺为乳化剂。

所述的三甘醇为溶剂。

产品特性 本品主要用于洗涤丙烯腈、聚酯、聚酰胺等纤维织物，使其具有良好的抗静电性，不易产生和积累静电荷。

配方 48 苦参碱洗涤剂

原料配比

原料	配比(质量份)			
	1#	2#	3#	4#
苦参碱	0.3	0.5	0.7	1
烷基苯磺酸钠	20	24	20	24
脂肪醇聚氧乙烯醚	11	16	16	11
脂肪醇醚硫酸钠	8	10	8	10
AES	1	2	2	1
二甲苯磺酸钠	4	6	4	6
醇	2	4	4	2
甲醛	0.1	0.2	0.1	0.2
精盐	0.4	0.5	0.5	0.5

续表

原料	配比(质量份)			
	1#	2#	3#	4#
香精	0.1	0.1	0.1	0.1
水	3000	3000	3000	3000

制备方法 将原料混合物搅拌均匀即得产品。

产品应用 本品主要应用于织物洗涤。

产品特性 本品具有配方科学、合理，天然环保，去油污力强等优点。

配方 49 毛巾洗涤剂

原料配比

原料	配比(质量份)		
	1#	2#	3#
山香草	2	4	3
骨节草	2	4	3
脂肪醇聚氧乙烯醚硫酸盐(AES)	9	12	10
十二烷基苯磺酸钠(LAS)	3	2	2
脂肪醇聚氧乙烯醚(AEO)	2	3	3
羧甲基纤维素钠	1	0.5	1
乙醇	7	8	8
氯化钠	2	2	3
偏硅酸钠	10	10	9
次氯酸钠	1	1	1.5
椰油酸二乙醇酰胺	2	2	1
香精	0.1	0.1	0.1

制备方法 取山香草、骨节草，加水煎煮两次，第一次加水量为药材质量的8～12倍，煎煮1～2h，第二次加水量为药材质量的6～10倍，煎煮1～2h，合并煎液，浓缩至山香草、骨节草总质量的10倍，加入脂肪醇聚氧乙烯醚硫酸盐(AES)、十二烷基苯磺酸钠（LAS)、脂肪醇聚氧乙烯醚（AEO)、羧甲基纤维素钠、乙醇、氯化钠、偏硅酸钠、次氯酸钠、椰油酸二乙醇酰胺、香精，70～80℃左右熔融，即得。

产品特性 本品山香草和骨节草清热解毒，两者配伍，起泡和抗菌效果良好。

配方 50 毛织品洗涤剂

原料配比

原料	配比(质量份)				
	1#	2#	3#	4#	5#
脂肪醇硫酸钠	12	15	10	10	13
丙烯酸乙酯	9	8	10	8	9
EDTA-2Na	7	8	6	6	6
肉豆蔻	7	6	8	8	8
醋酸钠	4	3	5	3	4
硬脂醇聚氧乙烯醚	1.5	1	2	2	2
荧光增白剂	—	—	—	3	4
乙醇	22	20	25	23	20
水	85	80	90	86	86

制备方法

(1) 将配方量的脂肪醇硫酸钠、丙烯酸乙酯、EDTA-2Na 和乙醇混合，加热至 40～45℃，搅拌均匀；

(2) 加入其余组分，搅拌均匀后，冷却至室温即可。

产品特性 本品毛织品洗涤剂去污力强，不损害毛织品，清洗后的毛织品能够保持原有的手感和光泽。

配方 51 毛织物清香光亮洗涤剂

原料配比

原料	配比(质量份)		
	1#	2#	3#
玉米淀粉	2.1	2.15	2.2
木粉	4	4.5	5
丙二醇正丙醚	0.1	0.11	0.12
柠檬酸盐	0.55	0.6	0.65
脂肪酰二乙醇胺	0.21	0.22	0.23
玫瑰提取液	2	2.5	3
水	63	64	65

制备方法 将各组分溶于水混合均匀即可。

产品特性 本品具有使织物清香和光亮的作用，各组成物协同作用，可以弥补传统洗涤剂的不足，满足人们使用洗涤剂的需求，保证毛织物的清香和舒适性能。

配方 52　棉麻洗涤剂

原料配比

原料	配比(质量份)		
	1#	2#	3#
山梗菜	2	4	3
香榧草	2	4	3
脂肪醇聚氧乙烯醚硫酸盐(AES)	9	12	10
十二烷基苯磺酸钠(LAS)	3	2	2
脂肪醇聚氧乙烯醚(AEO)	2	3	3
羧甲基纤维素钠	1	0.5	1
乙醇	7	8	8
氯化钠	2	2	3
偏硅酸钠	10	10	9
次氯酸钠	1	1	1.5
椰油酸二乙醇酰胺	2	2	1
香精	0.1	0.1	0.1

制备方法　取山梗菜、香榧草，加水煎煮两次，第一次加水量为药材质量的8～12倍，煎煮1～2h，第二次加水量为药材质量的6～10倍，煎煮1～2h，合并煎液，浓缩至山梗菜、香榧草总质量的10倍，加入脂肪醇聚氧乙烯醚硫酸盐(AES)、十二烷基苯磺酸钠（LAS)、脂肪醇聚氧乙烯醚（AEO)、羧甲基纤维素钠、乙醇、氯化钠、偏硅酸钠、次氯酸钠、椰油酸二乙醇酰胺、香精，70～80℃左右熔融，即得。

产品特性　本品山梗菜和香榧草清热解毒，两者配伍，起泡和抗菌效果良好。

配方 53　棉织、化纤物专用洗涤剂

原料配比

原料	配比(质量份)		原料	配比(质量份)	
	1#	2#		1#	2#
脂肪酸胺	5	10	荧光增白剂	0.5	1
醇醚硫酸钠	20	25	去离子水	40	45
烷醇酰胺	5	10	大蒜汁	15	20
磷酸钠	5	10	生姜汁	20	25
脂肪醇聚氧乙烯醚	10	15	柠檬酸钠	5	10
聚醚硅油	1	2	液体蛋白酶	10	15

制备方法

(1) 选用一反应釜，将原料中的去离子水加入反应釜中，然后加热升温至65～85℃，然后将原料中的脂肪酸胺、醇醚硫酸钠、烷醇酰胺、磷酸钠、脂肪醇聚氧乙烯醚、聚醚硅油和荧光增白剂依次加入反应釜中，开启搅拌；

(2) 待上述步骤 (1) 所得料液搅拌均匀后，进行过滤，降温至 20～30℃后，将原料中的大蒜汁和生姜汁加入其中，然后继续搅拌混合 20～30min；

(3) 待步骤 (2) 搅拌结束后，将原料中的柠檬酸钠和液体蛋白酶也加入其中，控制转速为 8000～10000r/min，高速搅拌 10～20min 后，过滤后即得。

产品特性 本品制备方便简单，环保无污染，原料易得，设备投资少，便于操作，制备的棉织、化纤物洗涤剂使用效果好，去污能力强，安全可靠。

配方 54 棉制品专用洗涤剂

原料配比

原料	配比(质量份)		原料	配比(质量份)	
	1#	2#		1#	2#
脂肪醇二乙醇酰胺	9	15	三甘醇	3	6
硬脂酸	5	11	*N*-硅酸盐	1	5
海藻多糖	7	10	甲苯酸苯酯	4	10
EDTA-2Na	4	11	异丙醇	2	4
EDTA	5	10	*α*-烯基磺酸钠	4	13
椰油脂肪酸二乙醇酰胺	2	7	生姜粉	2	4
仲醇聚氧乙烯醚	6	10	水	45	45
椰油酰胺丙基氧化胺	4	9			

制备方法 将各组分溶于水混合均匀即可。

产品特性 本品清洗效果好，同时对棉制品没有伤害，并且能使棉制品更加柔顺。

3 果蔬洗涤剂

配方 1 纯天然洗涤剂

原料配比

原料	配比(质量份)		原料	配比(质量份)	
	1#	2#		1#	2#
皂荚	40	35	甘草	15	10
无患子	40	35	氯化钠	4	5
绞股蓝	30	25	水	200	150
丝瓜	20	15			

制备方法

(1) 称取皂荚、无患子、绞股蓝、丝瓜、甘草，备用；

(2) 将上述原料分别粉碎成300～400目的粉状；

(3) 将上述原料加入水中，并加入氯化钠，加热至80～100℃，搅拌，混匀；

(4) 冷却至室温，过滤，即得。

产品特性

(1) 本品无毒、无污染。所用表面活性剂均为纯天然物质，刺激性低、溶解性好，泡沫丰富细腻，去污性能好，脱脂力适中，抗硬水能力强。该洗涤剂原料来源丰富，价格低廉，制备方法简单，成本较低。该洗涤剂所用原料均为纯天然物质，可以食用，安全无毒，不会污染环境。

(2) 本品制备方法简单，成本较低，适于工业化生产。

配方 2 多功能洗涤剂

原料配比

原料	配比(质量份)		
	1#	2#	3#
α-烯基磺酸盐	1	2	4
聚乙二醇	2	3	4
乙二胺四乙基铵	2	5	8

续表

原料	配比(质量份)		
	1#	2#	3#
硅酸钠	1	1.5	2
三乙醇胺	2	4	6
多元醇	10	12	15
苯甲酸钠	1	2	3
蔗糖单月桂酸酯	5	7	10
碳酸钠	1	1.5	2
柠檬酸	1	1.5	2
蒸馏水	40	50	60

制备方法 将各组分溶于水混合均匀即可。

产品应用 本品主要应用于果蔬洗涤。

产品特性 本品对皮肤无刺激性、对人体无毒副作用，可彻底清除果蔬表面有害物质。

配方3 复合天然抑菌清洗剂

原料配比

原料	配比(质量份)	原料	配比(质量份)
柠檬酸	1.5	双乙酸钠	0.5
乳酸链球菌素	0.25	去离子水	加至1L

制备方法 将各组分原料混合均匀即可。

产品应用 本品主要是一种鲜切生菜复合天然抑菌清洗剂。

鲜切生菜保鲜方法：将新鲜生菜经原料处理、初步清洗、切分、抑菌剂浸泡清洗、沥水包装后冷藏。该方法具体包括以下步骤：

(1) 原料处理：挑选新鲜生菜，弃去表面受损叶片，将整棵生菜按片摘下并整理。

(2) 初步清洗：将生菜于流动自来水下冲洗；自来水冲洗时间为1min以内。

(3) 切分：将初步清洗好的生菜用锋利的刀切成3cm×3cm的片或其他规格。

(4) 抑菌剂浸泡清洗：将切分好的生菜以1∶15～1∶25的料液比置于上述复合天然抑菌清洗剂中清洗1～2min。

(5) 沥水包装：将浸泡清洗后的生菜捞出自然沥干表面残留水分，装入保鲜袋或鲜切果蔬托盘中用保鲜膜包裹。

（6）冷藏：将包装好的生菜放置于10℃以下冷藏环境下保存。优选为4℃保存。

产品特性

（1）本品具有安全无毒、抗菌性强和抗菌性持久等特点。

（2）本品中复合天然抑菌清洗剂可抑制致病菌在鲜切生菜上生长，可提高产品的安全性。

配方4　改进的能够清除农药残留的洗涤剂

原料配比

原料	配比(质量份)		原料	配比(质量份)	
	1#	2#		1#	2#
十二烷基磺酸钠	6	10	乙醇	3	9
硼砂	3	10	烷基醇聚氧乙烯	8	10
柠檬酸	2	7	硅酸钠	1	5
次氮基三乙酸	4	9	异丙醇	5	11
EDTA-2Na	7	11	壳聚糖	2	7
氨三乙酸盐	2	6	马来酸	5	10
肉桂酸	4	10	硫酸钠	7	9
碳酸钠	3	5	水	60	60
高锰酸钾	4	11			

制备方法　将各组分原料溶于水混合均匀即可。

产品应用　本品主要应用于果蔬洗涤。

产品特性　本品能够快速溶解残留农药，减少残留农药的附着率，同时本身易清洗，对环境的污染小。

配方5　改进的蔬果清洗剂

原料配比

原料	配比(质量份)		
	1#	2#	3#
甲基丙烯酸和α-烯基磺酸钠的混合物	8	5	10
山梨酸钙	1.5	1	2
聚氧乙烯型非离子表面活性剂	4	3	5
磷酸氢二钠	4	2	5
丙二醇	6	5	8
壬基磺基酚聚氧乙烯	17	15	18
去离子水	22	20	25

制备方法 将各组分原料混合均匀即可。

产品特性 本品天然、无副作用、效果好，清洗后对人体皮肤以及水果均不会产生残留现象，绿色环保，保证了水果的卫生以及人们的健康，对环境亦无污染。

配方 6 改进的稳定型清洗剂

原料配比

原料		配比(质量份)		
		1#	2#	3#
丁基溶纤剂		20	15	25
防腐杀菌剂		5	3	8
香精		0.8	0.5	1
甲基异噻唑啉酮		0.2	0.1	0.3
葡萄糖酸钠和柠檬酸钠的混合物		2	1	3
淀粉酶和纤维素酶的混合物		1.5	1	2
十六醇琥珀酸单脂磺酸钠		28	25	30
异丙醇		23	20	25
葡萄糖酸钠和柠檬酸钠的混合物	葡萄糖酸钠	0.5	0.5	0.5
	柠檬酸钠	1.5	1.5	1.5
淀粉酶和纤维素酶的混合物	淀粉酶	1	1	1
	纤维素酶	2	2	2

制备方法 将各组分原料混合均匀即可。

产品应用 本品主要用于水果洗涤。

产品特性 本品不含有化学添加剂，天然无副作用，对人体没有伤害；低温清洗性能好；抗硬水性能好；高低温稳定性好；贮存稳定性好。

配方 7 瓜果蔬菜洗涤剂

原料配比

原料	配比(质量份)		
	1#	2#	3#
油酸三乙醇胺	10	20	30
十二烷基苯磺酸钠	5	3	1
乙醇	15	20	34
富马酸	35	—	25
柠檬酸	—	27	—

续表

原料	配比(质量份)		
	1#	2#	3#
乙酸钠	35	—	—
柠檬酸钠	—	30	—
氯化钠	—	—	10

制备方法 将各原料混合均匀即可，使用时稀释成1%～5%的水溶液，直接洗涤水果或蔬菜，也可将水果、蔬菜浸泡在含本品的水溶液中10～30min，然后直接用清水冲洗即可。

产品特性 本品能有效去除铅、镉离子和农药对瓜果蔬菜的污染，农药去除率能达到96%以上。

配方8 果蔬残留农药清洗剂

原料配比

原料	配比(质量份)		
	1#	2#	3#
脂肪酸聚氧乙烯醚AEO-3	5	8	10
烷醇酰胺6501	2	6	8
烷基酚聚氧乙烯醚TX-10	3	6	9
次氯酸钠	1	3	5
葡萄糖酸钠	2	3	4
聚醚改性硅油	1	3	4
三氮苯类	3	4	5
薄荷油	5	7	8
二苄基酚聚氧乙烯醚	7	8	9
氢氧化钠	2	4	6
氢氧化钙	3	6	8
食盐	4	7	9
氟虫腈	1	3	6
水	10	15	20

制备方法 将各组分原料混合均匀即可。

产品特性 本品清洗效果显著，产品稳定性强，使用方便，对人体无毒副作用。

配方9 果蔬农残生物酶清洗剂

原料配比

原料		配比(质量份)		
		1#	2#	3#
基本酶液	黑曲霉J6酶液	98.8	93.5	95.0
	甘氨酸	0.1	0.5	0.3
	山梨酸钾	0.1	1.0	0.5
	甘油	1	5	4.2
吸附剂	碳酸钙	1	1	1
	白炭黑	2	3	3
吸附剂		1	1	1
基本酶液		1(体积份)	2(体积份)	1(体积份)

制备方法

(1) 黑曲霉J6酶液的提取：将斜面菌种黑曲霉J6经PDA培养基培养至孢子成熟（所用PDA培养基为：去皮马铃薯200g＋蔗糖20g＋琼脂15～20g)，定容至1000mL，用灭菌的种子培养基冲取成熟孢子，配制成密度为$2\sim4\times10^{8}$个/mL的孢子悬液接种于种子培养基中。种子培养基的组分为：NaCl 1.0g＋KH_2PO_4 0.5g＋K_2HPO_4 1.5g＋$(NH_4)_2SO_4$ 1.0g＋$MgSO_4\cdot7H_2O$ 0.1g＋葡萄糖2.0g，定容至1000mL，pH值为7.0，待孢子萌发后，接种于盛有液体发酵培养基的锥形瓶中，液体发酵培养基的组分为：NaCl 0.1%＋KH_2PO_4 0.05%＋K_2HPO_4 0.15%＋$MgSO_4\cdot7H_2O$ 0.01%＋葡萄糖0.2%＋酵母粉0.1%，pH值为7.0，30℃摇床培养3～5d，收集所产菌丝体，研磨，研磨后于4℃条件下放置12～24h，离心机离心20min，取上清液得黑曲霉J6酶液。

(2) 基本酶液的配制：将黑曲霉J6酶液与酶保护剂按比例加入搅拌器中，搅拌5min，使其混合均匀得基本酶液，所用酶保护剂为甘氨酸、山梨酸钾和甘油，成分含量按体积分数计：黑曲霉J6酶液93.5%～98.8%、甘氨酸0.1%～0.5%、山梨酸钾0.1%～1%、甘油1%～5%。

(3) 吸附固定：将吸附剂与基本酶液按1∶(1～2)的质量与体积比(g/mL)混合搅拌拌匀，经吸附固定即成成品清洗剂，成品为白色粉剂，吸附剂的组分碳酸钙和白炭黑均为粉状，二者质量比为1∶(2～3)。

原料介绍 所述酶保护剂的成分为甘氨酸、山梨酸钾和甘油。

产品应用 清洗剂使用方法：取适量果蔬农残生物酶清洗剂加入容器中，再加入可没过果蔬的水搅拌均匀，将要清洗的果蔬放入，浸泡5～10min，捞出，用清水冲洗干净即可食用或烹调。

产品特性

(1) 清洗剂可以有效快速地清除果蔬表面残留的有机磷农药，对残留氧化乐果、甲拌磷、辛硫磷和甲基对硫磷的去除率最高达到94.8%、92.1%、96.7%和98.5%。

(2) 清洗剂的主要成分黑曲霉J6酶液是一种高效有机磷农药降解酶，可以有效快速地清除果蔬表面残留的有机磷农药，污染果蔬清洗实验结果显示对残留氧化乐果、甲拌磷、辛硫磷和甲基对硫磷的去除率最高达到94.8%、92.1%、96.7%和98.5%。

(3) 本品制作方法简单，生产过程节能环保，成品为粉状制剂，易于保藏和运输，使用方法简单，操作方便，对人体无毒害作用，无二次污染产生，是一种安全环保的微生物酶制剂。

配方 10 果蔬农药洗涤剂

原料配比

原料	配比(质量份)		
	1#	2#	3#
动植物油皂	10	20	30
甘草单钠盐	2	5	8
甘草甜素	2	5	8
海藻多糖	0.3	1	2
食盐	0.3	1	2
醋酸钠	10	25	40
芝麻油	10	15	20

制备方法 将各组分原料混合均匀即可。

产品特性 本品既能清除果蔬表面的农药残留，并且对人体无任何毒副作用。

配方 11 果蔬品专用洗涤剂

原料配比

原料	配比(质量份)		原料	配比(质量份)	
	1#	2#		1#	2#
脂肪醇聚氧乙烯醚	10	15	去离子水	30	35
次氯酸钠	2	3	薰衣草香精	1	—
苯甲酸钠	2	3	桂花香精	—	2
烷基苯磺酸钠	3	4	柠檬酸	1	2
氯化钠	4	5	丙二醇	3	4

制备方法

(1) 选一反应釜，将原料中去离子水加入反应釜中，然后将原料中除香精和柠檬酸以外的原料全部加入其中，加热至40～60℃，高速搅拌直至全部溶解后，静置30min；

(2) 待上述步骤 (1) 结束后，将原料中的香精和柠檬酸加入其中，然后再次搅拌均匀后，进行过滤取液，而后灌装即可得到。

产品特性 本品制备方便简单，环保无污染，原料易得，设备投资少，便于操作，制备的果蔬洗涤剂使用效果好，去污能力强，安全可靠。

配方 12 果蔬杀菌清洗剂

原料配比

原料	配比(质量份)	
	1#	2#
椰油烷基二乙醇酰胺	2.5	3
油酸钠	3.5	4
丙二醇	25	30
碳酸氢钠	3	2.5
葡萄糖酸钠	0.05	0.08
去离子水	加至100	加至100

制备方法 先将去离子水加入搅拌罐内，再加入上述比例的椰油烷基二乙醇酰胺、油酸钠、丙二醇，开动搅拌机搅拌均匀，然后加入上述比例的碳酸氢钠和葡萄糖酸钠，再进行搅拌，当全部物料溶解即可。

产品特性 本品具有安全高效的杀菌能力，可以有效去除残留在果蔬上的农药，有着极佳的消毒效果和洗涤作用。长期使用，可以使人们的生活更健康。

配方 13 果蔬洗涤剂

原料配比

原料	配比(质量份)	原料	配比(质量份)
椰油酰单乙醇胺	11～16	过硫酸氢钾复合粉	8～15
二甲苯磺酸钠	14～36	高锰酸钾	2～8
十二烷基苯磺酸	9～13	乙醇	1～6
紫外光吸收剂	1～6	碳酸钠	12～18

制备方法 将各组分混合均匀即可。

产品特性 本品具有良好的乳化、去油性能，特别对水果蔬菜表面附着的农药具有较强的洗涤力，也可作普通餐具洗涤剂使用。

配方 14 果蔬食品洗涤剂

原料配比

原料	配比(质量份)		原料	配比(质量份)	
	1#	2#		1#	2#
烷基醇酰胺型非离子表面活性剂	25	35	丙烯酸 $C_1 \sim C_4$ 烷基酯	10	15
椰油酰胺丙基甜菜碱	3	5	乙二醇	8	10
乙二醇	8	10	甘油	15	15
碱性蛋白酶	2	6	去离子水	25	25
二甲苯磺酸钠溶液	10	15			

制备方法

(1) 将下列物质按质量份加入反应釜中：烷基醇酰胺型非离子表面活性剂、椰油酰胺丙基甜菜碱和乙二醇，加注速率为 20～25mL/min，加注后进行搅拌，搅拌速度为 35r/min；

(2) 搅拌后进行静置，静置时间为 35～45min；

(3) 静置过程中进行冷却，冷却至温度低于 10℃，冷却过程中进行搅拌，搅拌速度为 15r/min；

(4) 在搅拌过后的组合物中加入下列质量份的物质：碱性蛋白酶、二甲苯磺酸钠溶液，加入时进行搅拌加热，加热温度为 45～60℃，加热速度为 5℃/min；

(5) 搅拌后加入下列质量份的物质：丙烯酸 $C_1 \sim C_4$ 烷基酯、乙二醇、甘油和去离子水，加入后静置；

(6) 静置后进行搅拌，搅拌速度为 45～50r/min，搅拌后进行冷却，冷却至温度低于 5℃；

(7) 冷却后过滤，过滤后静置，时间大于 35min。

产品特性 本品既能清除蔬菜、水果等食品表面中的农药残留，同时无任何毒性和副作用。

配方 15 果蔬残留农药洗涤剂

原料配比

原料	配比(质量份)		
	1#	2#	3#
非离子表面活性剂	3	6	4.5
碱性蛋白酶	3	5	4
丙烯酸 $C_1 \sim C_4$ 烷基酯	1	3	2
甘油	4	8	6

续表

原料	配比(质量份)		
	1#	2#	3#
椰油酰单乙醇胺	2	6	4
十二烷基苯磺酸	1	5	3
高锰酸钾	2	7	4.5
烷基葡萄糖苷	1	3	2
磷酸钠	5	9	7
硼酸	2	5	3.5
轻稀土	6	10	8
苯甲酸钠	3	8	6
水	25	25	25

制备方法 将各组分混合均匀即可。

产品特性 本品对水果、蔬菜表面附着的农药具有较强的清洗能力，能够清除表面的农药残留，且不会产生有害物质。

配方 16 果蔬环保洗涤剂

原料配比

原料	配比(质量份)		原料	配比(质量份)	
	1#	2#		1#	2#
茶多酚	35	45	氯化钠	20	30
白醋	15	25	增稠剂	5	10
淘米水	40	50			

制备方法 将茶多酚、白醋、淘米水、氯化钠和增稠剂混合加热至100℃以上，加热时间为10～15min。

产品特性

(1) 该果蔬洗涤剂中含有茶多酚，茶叶中多酚类物质，天然无毒，具有抗氧化及防腐作用，且对病菌具有抑制和灭杀的作用。

(2) 该果蔬洗涤剂成分中含有白醋、淘米水和氯化钠，这些物质能有效将果蔬上的农药进行清除，天然无副作用，绿色环保。

配方 17 果蔬清洗用洗涤剂

原料配比

原料	配比(质量份)		原料	配比(质量份)	
	1#	2#		1#	2#
椰油脂肪酸单乙醇酰胺	9	15	枯烯磺酸钠	3	8

续表

原料	配比(质量份)		原料	配比(质量份)	
	1#	2#		1#	2#
绞股蓝	5	9	油酸钠	6	10
甘草	10	16	碳酸氢钠	4	10
生姜粉	3	7	草酸	1	4
黑豆	4	11	稳定剂	0.2	1
六聚甘油单油酸酯	5	9	去离子水	35	35

制备方法 将各组分混合均匀即可。

产品特性 本品具有很好的洗涤效果，同时添加了多种中药成分，本身的毒性极小。

配方 18 果蔬用中药洗涤剂

原料配比

原料		配比(质量份)		
		1#	2#	3#
中药提取液	苦参	30	35	40
	金银花	20	25	30
	连翘	15	20	30
	荆芥	10	15	20
	黄芩	10	15	20
	鱼腥草	35	40	45
	菊花	15	20	25
	陈皮	10	15	20
	水	适量	适量	适量
中药提取液		80	100	120
吐温-80		2	2	4
斯盘-80		—	—	2
氢化蓖麻油		2	3	—
椰油酰胺丙基甜菜碱		4	10	4
咪唑啉		4	—	8
EDTA-2Na		0.2	0.3	0.4
卡松		0.12	0.16	0.2
氯化钠		2	3	4
纯化水		105.7	110	120.4

制备方法

(1) 按照上述质量份称取中药原料，混合后加水煎煮两次，每次加水量为中药质量的5～10倍，煎煮1～1.5h，合并两次煎煮液，浓缩至$d=1.5\sim1.8$g/mL，过滤，得到中药提取液；

（2）将上述质量份的乳化增溶剂溶于所述质量份的中药提取液中，充分搅拌混匀；

（3）将上述质量份的表面活性剂、EDTA-2Na、卡松、氯化钠溶于所述质量份的纯化水中，边搅拌边加入（2）所得混合物中充分搅拌混匀，制成上述的果蔬用中药洗涤剂。

原料介绍 所述的乳化增溶剂是吐温-80、斯盘-80、氢化蓖麻油中的一种或几种的混合物；所述的表面活性剂是咪唑啉、椰油酰胺丙基甜菜碱、烷基聚糖苷中一种或两种的混合物。

本品中苦参的主要提取成分为苦参碱、氧化苦参碱、苦参醇、苦参丁醇等多种生物碱和黄酮类成分，该成分对大肠杆菌、金黄色葡萄球菌、痢疾杆菌及多种致病性皮肤真菌均有明显的抑菌作用；金银花自古被誉为清热解毒的良药，它性甘寒气芳香，甘寒清热而不伤胃，具有广谱抗菌作用，对金黄色葡萄球菌、痢疾杆菌等致病菌有较强的抑制作用，有明显抗炎作用，与苦参配伍可显著提升产品的抑菌性能，降解性良好；连翘作为广谱抗菌药，连翘提取液对多种革兰氏阳性及阴性细菌有显著的抑制作用。连翘浓缩煎剂在体外有抗菌作用，可抑制伤寒杆菌、副伤寒杆菌、大肠杆菌、痢疾杆菌、白喉杆菌及霍乱弧菌、葡萄球菌、链球菌等。荆芥具有强大的抑制真菌的活性，选用绿色木霉、两种链格孢属类真菌、长穗双极菌及枝孢霉进行挥发油抗真菌活性测试的研究发现，挥发油的主要化学成分对真菌有确切的抑制菌丝生长的作用，其中对挥发油最敏感的是链格孢属类真菌。黄芩对金黄色葡萄球菌、溶血性链球菌、肺炎球菌、脑膜炎双球菌、痢疾杆菌、炭疽杆菌等有抑菌性，且具有抗病毒作用，能抑制流感病毒、乙肝病毒等，同时还具有抗原虫作用，体外抑制阿米巴原虫、阴道滴虫、锥虫。鱼腥草主含挥发油、癸酰乙醛鱼腥草素等多种成分，对各种致病杆菌、球菌、流感病毒、钩端螺旋体等有抗菌作用，并能提高人体免疫调节功能。菊花是中国十大名花之三，花中四君子（梅、兰、竹、菊）之一，具有平肝明目、散风清热、消咳止痛的功效，对金黄色葡萄球菌、乙型链球菌、痢疾杆菌、伤寒杆菌、副伤寒杆菌、大肠杆菌、绿脓杆菌、人型结核菌及流感病毒均有抑制作用。产品可散发出菊花特有的清香，让人们在洗菜、洗水果的同时感受到菊花醒脑提升的功效，其水提物中的抗炎成分使产品更加亲和，再也不用担心清洗瓜果蔬菜会使有小伤口的皮肤发炎。陈皮中含有丰富的天然精油，有很好的去油和净化效果，而且不伤皮肤，不会因长期使用而造成皮肤角质损伤。

产品特性

（1）以上中药组分合理配伍，精粹提取中药有效成分制成的果蔬用中药洗涤剂外观为黑褐色至黑色液体，具有浓郁的中药香味，产品体系为中性，该洗涤剂不仅对各种细菌、致病性真菌有很好的抑制和消杀作用，而且去油污力强，驱虫性能好，不限水温，安全无毒。本品采用多味中药材提取物中的活性物作为活性功能分子团，直接作用果蔬农残，通过化学作用能有效乳化果蔬表面残留农药分子，降解农药分子中的磷脂键，产品泡沫适中，易于冲洗，不含磷酸盐，性质温和，不伤皮肤。

（2）本品选用具有良好杀菌、抑菌的天然植物为原料，通过合理配伍，使产品不仅对各种细菌、致病性真菌有抑制和消杀作用，而且能乳化果蔬表面农残脏污，严把病从口入的健康防护线；淡淡菊花香更让人神清气爽、醒脑明目，提高了产品的品质。本品以传统中药深度开发为特色，以有效抑菌杀菌为核心功能，药物残留少，不添加含磷成分，更环保，洗涤剂配方独特简单，能满足大众天然、环保、高效去污、抗菌的需求，让果蔬食用更卫生，避免中毒的风险，该产品有很高的生物降解性，符合现代人追求绿色环保的生活理念。

配方 19 含白菜原汁的洗涤剂

原料配比

原料	配比(质量份)			
	1#	2#	3#	4#
白菜汁和自来水的混合液	80	80	80	98
芹菜、黄瓜、空心菜、菠菜、柚子皮、橘子皮、新鲜茶叶中的任意一种或几种的汁液(0～15%)	—	—	15	—
食用盐	5	5	3.4	0.5
食用香精	5	5	0.6	0.5
食用碱	10	10	0.5	1
防腐剂山梨酸钾	0.05	0.05	0.5	0.5

制备方法 将白菜洗净榨汁，将榨取的白菜原汁过滤去渣备用，再将芹菜、黄瓜、空心菜、菠菜、柚子皮、橘子皮、新鲜茶叶中的一种或几种洗净榨汁，将榨取的原汁过滤去渣备用，按质量份将白菜原汁和自来水的混合液，食用盐，食用香精，食用碱，0～15%芹菜、黄瓜、空心菜、菠菜、柚子皮、橘子皮、新鲜茶叶中的一种或几种的汁液混合搅拌均匀，在 90～120℃下灭菌 30～60min，再向其中加入防腐剂山梨酸钾或苯甲酸钠，灌装即可。

产品应用 本品主要应用于果蔬洗涤。

产品特性 本品利用白菜原汁丰富的纤维素、无机盐和碳水化合物去除油污，再辅之以食用盐和食用碱，外加芹菜、黄瓜、空心菜、菠菜、柚子皮、橘子皮、新鲜茶叶中的一种或几种的汁液中便于水冲洗的成分配制成纯天然的洗涤剂，洗涤效果好且对人体无伤害。

配方 20 含茶皂素除农药洗涤剂

原料配比

原料	配比(质量份)	原料	配比(质量份)
烷基糖苷	10～3	羊毛脂	3～0.5
α-烯基磺酸钠	7～1	柠檬酸	适量
脂肪醇聚氧乙烯醚硫酸钠	8～1	丙二醇	3～0.5
椰油酸二乙醇酰胺	8～1	蒸馏水	80
EDTA-2Na	2～0.1	茶皂素溶液	5～0.1
精盐	3～0.5		

制备方法 首先，将烷基糖苷、α-烯基磺酸钠、脂肪醇聚氧乙烯醚硫酸钠、椰油酸二乙醇酰胺，在10～60℃下水浴加热，搅拌混合，待混合均匀加入EDTA-2Na、羊毛脂、丙二醇、蒸馏水、茶皂素溶液，搅拌5～40min，添加柠檬酸调节pH值，精盐调节洗涤剂黏度。

产品应用 本品主要应用于果蔬洗涤。

产品特性 本品通过茶皂素与烷基糖苷等多种表面活性剂配伍，提高洗涤剂除农药效果，可用于瓜果蔬菜洗涤剂，也可用作洗手液。

配方 21 含有芦荟提取物的果蔬洗涤剂

原料配比

原料	配比(质量份)		
	1#	2#	3#
芦荟提取物	4	6	8
季铵盐表面活性剂	3	5	6
柠檬酸	2	3	4
蛋白酶	1	2	3
分散剂	2	4	5
增溶剂	2	5	8
去离子水	加至100	加至100	加至100

制备方法

(1) 将芦荟提取物加入去离子水中，搅拌至混合均匀；

(2) 加入季铵盐表面活性剂、柠檬酸、蛋白酶、增溶剂，然后升温至30～40℃，继续搅拌至混合均匀；

（3）加入分散剂，保温搅拌，然后冷却至室温，得到稳定、均匀溶液，即为本品果蔬洗涤剂。

原料介绍 所述季铵盐表面活性剂选自 *N*,*N*-二甲基十二烷基氯化铵、*N*,*N*-二甲基十二烷基溴化铵、*N*,*N*-二乙基十二烷基氯化铵、*N*,*N*-二乙基十二烷基溴化铵、*N*,*N*-二甲基十六烷基氯化铵、*N*,*N*-二甲基十六烷基溴化铵中的任何一种或多种的混合物。

所述季铵盐表面活性剂优选为 *N*,*N*-二甲基十六烷基氯化铵或 *N*,*N*-二甲基十六烷基溴化铵。

所述分散剂可为十六烷基硫酸钠、三硬脂酸甘油酯中的一种或两者的混合物。

所述增溶剂的种类并没有特别的限制，只要其 HLB 值在 15～18 之间即可。

产品特性

（1）本品具有良好的杀菌、灭菌能力；

（2）本品具有良好的皮肤亲和性，不刺激使用者的皮肤；

（3）本品气味清新，具有良好的嗅觉效果。

配方 22 家用蔬果洗涤剂

原料配比

原料	配比(质量份)		
	1#	2#	3#
桂花精油	10	8	12
碳酸盐	12	10	14
氯化钠	4.5	3	6
柠檬酸盐	6	4	8
N-硅酸盐	6	4	8
乳化剂	3	2	4
甘油	14	12	15
氯化钙	2.5	1	4
去离子水	18	12	20

制备方法 将各组分原料混合均匀即可。

原料介绍 碳酸盐为 1 份碳酸钠、2 份碳酸钙和 3 份碳酸钡混合而成。

产品应用 本品天然无副作用，清洗后对人体皮肤以及水果均不会产生残留现象，天然无害，绿色环保，又能够清洗干净水果，保证了水果的卫生以及人们食用的健康，对环境亦无污染。

配方 23 可以清除农药和重金属的洗涤剂

原料配比

原料	配比(质量份)		
	1#	2#	3#
食品级三聚磷酸钠	15	25	30
食品级焦磷酸钠	20	25	15
食品级六偏磷酸钠	15	17	20
吐温-80	20	15	15
斯盘-20	15	12	20

制备方法 将各组分原料混合均匀即可。

产品应用 本品主要应用于果蔬清洗。

使用方法：取上述洗涤剂，按照0.05%～0.5%的比例溶于水，然后将用家用洗洁精清洗过的果蔬再清洗、漂净即可；若提高该洗涤剂与水的质量比，还可以直接用于清洗果蔬。

产品特性 本品既能去除果蔬上的普通农药，又能去除含重金属的农药，以及土壤附着在果蔬上的重金属等；本洗涤剂低泡容易漂洗；本洗涤剂还可以清洗其他物品，尤其对铁制品效果好，并且本洗涤剂还有一定防锈作用。

配方 24 苦瓜用洗涤剂

原料配比

原料	配比(质量份)
磷酸三(2,3-二氯丙基)酯	28
3,7,11,15-四甲基-1-十六碳烯-3-醇	26
异丙基丙二酸	33
2-氨基-3-(2-氧代-1,2-二氢喹啉-4-基)丙酸盐酸盐	23
(*E*)-3,7-二甲基-2,6-辛二烯-1-醇	20
乙氧基亚甲基丙二酸二乙酯	16
3,6-二甲基-1,4-二氧杂环己烷-2,5-二酮	15
α-磺基-ω-羟基聚(氧-1,2-亚乙基)C_{14}～C_{18}烷基醚钠盐	17
去离子水	加至1000

制备方法 将去离子水、磷酸三（2,3-二氯丙基）酯、3,7,11,15-四甲基-1-十六碳烯-3-醇、异丙基丙二酸、2-氨基-3-(2-氧代-1,2-二氢喹啉-4-基）丙酸盐酸

盐加入反应器1中于40～50℃下搅拌溶解，将（E)-3,7-二甲基-2,6-辛二烯-1-醇、乙氧基亚甲基丙二酸二乙酯、3,6-二甲基-1,4-二氧杂环己烷-2,5-二酮、α-磺基-ω-羟基聚（氧-1,2-亚乙基）C_{14}～C_{18}烷基醚钠盐在反应器2中50～60℃下搅拌溶解，将反应器2中的混合物逐渐加入反应器1中，40℃恒温水浴中充分搅拌25～40min，静置1.5～2h，即得到所需的苦瓜用洗涤剂。

产品特性 本品不仅具有极高的清洁力，且能够顺应苦瓜表面的瘤状突起特点，有效清除苦瓜表面突起根部附着的有机磷农药，除虫菊酯类农药，重金属铅、镉等有害物质，保证苦瓜清洗后的整体清洁效果，食用更为放心。

配方25 快速果蔬洗涤剂

原料配比

原料	配比(质量份)		原料	配比(质量份)	
	1#	2#		1#	2#
椰油脂肪酸二乙醇酰胺	6	14	葡萄糖酸钠	1	5
烷基聚苷	3	9	香精	2	5
皂荚	3	7	四环素	4	9
氯化钠	5	10	壬基酚醚	2	6
蛋壳粉	3	9	椰油酰胺丙基甜菜碱	5	11
椰油	6	8	去离子水	50	50
椰油酸二乙醇酰胺	4	10			

制备方法 将上述原料送入搅拌容器中，搅拌均匀即可。

产品特性 本品本身无残留，清洗速度快，不会对人体产生伤害。

配方26 绿色安全粉状果蔬餐具洗涤剂

原料配比

原料	配比(质量份)		
	1#	2#	3#
C_{12}～C_{14}烷基葡糖苷	7	5	10
十二烷基硫酸钠	8	13	10
碳酸氢钠	80	75	79.8
氯化钠	4.9	6.92	—
柠檬烯	0.1	0.08	0.1

制备方法 分别将碳酸氢钠、氯化钠研磨，过筛；再将碳酸氢钠、氯化钠、

十二烷基硫酸钠、C_{12}～C_{14}烷基葡糖苷混合搅拌均匀，最后将柠檬烯喷洒进混合物中，搅拌均匀即为成品。

产品特性 本品所用原料绿色安全。表面活性剂C_{12}～C_{14}烷基葡糖苷是由玉米、土豆等天然植物淀粉转化的葡萄糖和天然油脂为原料合成，具有高表面活性、良好的生态安全性和相溶性，是国际公认的首选“绿色”功能性表面活性剂。

本品外形为粉状物，具有去污能力强、低泡、易漂、省水、环保、安全、无残留的特点。

配方 27 能够消除农药残留的洗涤剂

原料配比

原料	配比(质量份)		原料	配比(质量份)	
	1#	2#		1#	2#
二甲苯磺酸钠	4	12	绿茶粉	5	7
乙二醇硬脂酸酯	3	9	α-烯基磺酸钠	6	10
高铝酸钠	5	10	十二烷基苯磺酸	3	6
聚乙二醇	3	7	二甲苯磺酸钠	5	9
椰油酰单乙醇胺	2	6	EDTA	2	6
氨基多羧酸盐	7	9	甘氨酸	7	11
碳酸钙	2	4	水	55	55

制备方法 将各组分溶于水混合均匀即可。

产品应用 本品主要应用于清洗果蔬。

产品特性 本品能够溶解果蔬等食物表面的农药残留，减少农药对人体的影响，同时泡沫少，易清洗。

配方 28 苹果表面清洗剂

原料配比

原料	配比(质量份)	原料	配比(质量份)
碳酸氢钠	9.5	乙醇	11.5
草酸	12.8	水溶性维生素	8.5
葡萄糖酸锌	14.8	蔗糖脂肪酸酯	7.5

制备方法 将各组分原料混合均匀即可。

产品特性 本品不含对人体有害的化学成分，可以放心使用并且去除农药残留效果好。

配方 29 葡萄用洗涤剂

原料配比

原料	配比(质量份)		
	1#	2#	3#
叔丁氧羰基-L-天冬氨酸-4-叔丁酯	41	42	40
1,3-二氧代-2-异吲哚啉乙酸	34	30	32
3-氧代戊二酸二乙酯	30	28	32
2-氨基-1-甲基咪唑啉-4-酮	20	25	23
2-氨基-2-脱氧-D-半乳糖盐酸盐	35	33	28
N-叔丁氧羰基-L-缬氨酸	30	33	26
氨酸二环己胺盐	24	22	23
2-甲基四氢呋喃-3-酮	22	20	18
2-丁烯-1,4-二正丁酯	15	20	17
甲基丙烯酰氧乙基三甲基氯化铵	8	10	9
甲基丙烯酸二乙氨基乙酯	15	12	13
2-叔丁氧羰基-氨基-3-吡啶甲醛	5	6	4
去离子水	加至1000	加至1000	加至1000

制备方法 将去离子水、叔丁氧羰基-L-天冬氨酸-4-叔丁酯、1,3-二氧代-2-异吲哚啉乙酸、3-氧代戊二酸二乙酯、2-氨基-1-甲基咪唑啉-4-酮、2-氨基-2-脱氧-D-半乳糖盐酸盐加入反应器1中于65～80℃下搅拌溶解，将*N*-叔丁氧羰基-L-缬氨酸、氨酸二环己胺盐、2-甲基四氢呋喃-3-酮、2-丁烯-1,4-二正丁酯、甲基丙烯酰氧乙基三甲基氯化铵、甲基丙烯酸二乙氨基乙酯、2-叔丁氧羰基-氨基-3-吡啶甲醛在反应器2中45～55℃下搅拌溶解，将反应器2中的混合物逐渐加入反应器1中，40℃恒温水浴中充分搅拌20～30min，静置1～1.5h，即得到所需的葡萄用洗涤剂。

产品特性 该葡萄用洗涤剂，具有极佳的浸润性，可快速蔓延至葡萄全部表层，从而避免了葡萄清洗需要逐个摘下的麻烦。同时，该洗涤剂对农药及贵金属等有害物质具有较好的清洁效果，可有效清除葡萄表层附着的农药等残留物，清洗效果好，便于人们放心食用。

配方 30 去农药残留蔬果用洗涤剂

原料配比

原料	配比(质量份)				
	1#	2#	3#	4#	5#
植物油	5	10	7	5	10
乳化剂	3	8	5	3	8
十二烷基二甲基苄基氯化铵	0.5	1	0.8	0.5	1
螯合剂	0.3	0.5	0.4	0.3	0.5
去离子水	30	40	35	30	40
尼泊金酯	0.5	1	0.8	0.5	1
异噻唑啉酮	0.3	0.5	0.4	0.3	0.5
甘草衍生物	0.3	0.8	0.6	0.3	0.8
润肤剂	0.3	0.5	0.4	0.3	0.5
氯化钠	3	5	4	3	5
可溶性淀粉	3	5	4	3	5

制备方法

(1) 取植物油、乳化剂、十二烷基二甲基苄基氯化铵、螯合剂加入容器中并加入去离子水，搅拌溶解，再加入尼泊金酯，搅拌直至形成均匀的液体备用；

(2) 取异噻唑啉酮、甘草衍生物、润肤剂、氯化钠、可溶性淀粉加入步骤(1) 所得液体中，继续搅拌至形成均匀的液体即得。

其中，步骤 (1) 中是将尼泊金酯加入 1～2 倍量的去离子水搅拌溶解后再加入。将步骤 (1) 的液体加热至 60～70℃后再加入尼泊金酯。

原料介绍 所述植物油为椰油、小麦胚芽油、葡萄籽油、蓖麻油、玫瑰果油、甜杏仁油中的一种或几种。

所述乳化剂为聚甘油脂肪酸酯、皂树皂苷、甘油酸酯、山梨糖醇酐脂肪酸酯、丙二醇脂肪酸酯中的一种或几种。

所述甘草衍生物为甘草酸二钾。

所述润肤剂为蜂胶精油、水溶性骨胶原中的一种或几种。

所述螯合剂为 EDTA-2Na。

产品特性 本品具有优良的洗涤效果，能彻底去除蔬果表面的污物及农药残留，具有杀菌消毒广谱性，所采用的各种成分无毒、环保、不伤害人体健康、不伤皮肤、没有副作用。

配方 31　去除果蔬残留农药的清洗剂

原料配比

原料		配比(质量份)		
		1#	2#	3#
氨基酸		1.5	0.5	3
乙酸酐		17	15	25
烷基硫酸钠		6	5	10
天然植物油醇聚氧丙烯		4.5	3	6
丙烯酸-马来酸酐共聚物		2	1	3
磺胺胍		18	15	20
去离子水		17	15	20
氨基酸	苏氨酸	0.5	0.5	0.5
	甘氨酸	1	1	1
	组氨酸	1	1	1
	异亮氨酸	2	2	2
	色氨酸	2.5	2.5	2.5

制备方法　将各组分原料混合均匀即可。

产品应用　本品主要是一种去除果蔬残留农药的清洗剂。

产品特性　该产品具有对皮肤无伤害、温和、刺激性小、毒性低、去油污力强、能生物降解、环保等优点。

配方 32　去除农药残留的果蔬洗涤剂

原料配比

原料	配比(质量份)		
	1#	2#	3#
烷基葡萄糖苷	12	10	15
聚山梨酯类	6	5	8
柠檬酸钾	15	10	20
乙醇	8	5	10
三氯羟基二苯醚	2	0.5	5
磷酸钠	15	12	18

制备方法　将各组分混合均匀即可。

产品特性　本品具有良好的乳化、去油性能，特别对水果蔬菜表面附着的农药具有较强的洗涤力，也可作普通餐具洗涤剂使用。

配方 33 去除农药残留的洗涤剂

原料配比

原料	配比(质量份)		
	1#	2#	3#
表面活性剂	10	12	13
木瓜蛋白酶	2	2.1	2.2
氯化钙	3	3.1	3.5
1,2-丙二醇	2	2.1	2.5
硼砂	3.5	3	3
4-甲酰苯基硼酸	2.3	2.5	2.2
氯化钠	2.2	2	2
1,2-苯并噻唑啉	1	2	1.5
辅助剂	1.5	1	1
去离子水	加至100	加至100	加至100

制备方法 将各组分混合均匀即可。

原料介绍 所述辅助剂包括污渍悬浮剂、水软化剂或防腐剂中的一种或多种。

本品农药残留洗涤剂是液体，在酸性环境（pH 值为 5.5～6.0）下效果最佳。

产品应用 本品主要应用于果蔬洗涤。

产品特性 本品中的木瓜蛋白酶在酸性或者碱性环境下可以分解成蛋白酶，清洗过程中泡沫少，清洗能力强、连续性好、速度快、使用寿命长，随着清洗次数的增加，果蔬农药残留量明显降低。

配方 34 日用无毒洗涤剂

原料配比

原料	配比(质量份)		
	1#	2#	3#
氨基酸	1.5	0.5	3
脂肪醇聚氧乙烯醚硫酸钠	17	15	25
聚乙烯醇	6	5	10
天然植物油醇聚氧丙烯	4.5	3	6
丙烯酸-马来酸酐共聚物	2	1	3
甘油	18	15	20
去离子水	17	15	20

制备方法 将各组分混合均匀即可。

原料介绍 表中氨基酸由0.5份苏氨酸、1份甘氨酸、1份组氨酸、2份异亮氨酸、2.5份色氨酸混合而成。

产品特性 本品酸碱度为中性，具有对皮肤无伤害、温和、刺激性小、毒性低、去油污力强、能生物降解、环保等优点。

配方35 生物质果蔬用洗涤剂

原料配比

原料	配比(质量份)		原料	配比(质量份)	
	1#	2#		1#	2#
面粉	50	60	食用碱面	1	2
水	30	40	酒精	2	5
食盐	4	8			

制备方法 将各组分混合均匀即可。

产品特性

(1) 本品排放物在自然环境中可完全降解，对周围环境没有任何污染。

(2) 本品对人的身体健康没有任何伤害，适合家庭、饮食行业以及宾馆等场所果蔬的洗涤。

配方36 食品洗涤剂

原料配比

原料	配比(质量份)	原料	配比(质量份)
大豆提取物	5	山梨酸钙	0.5
羧甲基纤维素	1.5	色素	0.01
聚乙烯醇	0.8	香料	0.01
醋酸钠	10	水	150

制备方法

(1) 将水及聚乙烯醇加入溶解罐中，升温至90℃，并不断搅拌使聚乙烯醇溶解。

(2) 将溶解好的聚乙烯醇溶液降温至50℃，按顺序加入羧甲基纤维素、醋酸钠、山梨酸钙、大豆提取物，不断搅拌使其全溶。最后加入色素和香料，搅拌混合均匀即可。

原料介绍 所述大豆提取物是由黄豆干燥后经食盐或硫酸钠溶液悬浮，再经离心分离、沉淀、过滤等工艺制得的清澈透明溶液。

大豆提取物主要是利用其中的豆球蛋白，可用作泻物吸收剂。

羧甲基纤维素用作增稠剂。

聚乙烯醇用作污物吸收剂。

醋酸钠用作金属螯合剂。

山梨酸钙用作保存剂。

产品应用 本品主要应用于果蔬等食品的洗涤。

产品特性 本品可以有效冲洗食品上残留物、污物，并且可以使水软化，防止水中硬质滞留在食品上。

餐具洗涤剂

配方 1 安全温和的清洗剂

原料配比

原料		配比(质量份)		
		1#	2#	3#
焦磷酸钠		18	15	20
脂肪酸抗菌肽酯		6	5	10
脂肪酰基谷氨酸盐		16	15	18
碳酸钠		18	15	20
异丙醇和乙二醇的混合物		22	20	25
纤维素酶		0.7	0.5	1
抗菌肽		20	15	25
去离子水		20	15	25
异丙醇和乙二醇的混合物	异丙醇	1.2	1.2	1.2
	乙二醇	1.5	1.5	1.5

制备方法 将各组分原料混合均匀即可。

产品应用 本品主要是一种安全温和的清洗剂。主要用于餐具的洗涤。

产品特性 本品具有对皮肤无伤害、温和、刺激性小、毒性低、去油污力强、能生物降解、环保等优点;同时酸碱度为中性,不伤手,即使不洗干净也不会在体内聚集,可排出体外,不含磷酸盐,无毒副作用。

配方 2 餐具、果蔬洗涤剂

原料配比

原料	配比(质量份)	
	1#	2#
烷基糖苷	46	40
十二烷基硫酸钠	5	8
EDTA-2Na	0.1	0.2
pH 值调节剂柠檬酸	0.15	0.3
柠檬酸钠	1	0.7
香精	0.15	0.1
去离子水	加至 100	加至 100

制备方法

(1) 将烷基糖苷、十二烷基硫酸钠以及EDTA-2Na加入去离子水中混合搅拌，搅拌温度为50～60℃；

(2) 加入pH值调节剂柠檬酸调节混合液的pH值至7.6～7.8，且温度降低至40℃以下；

(3) 将作为洗涤助剂的柠檬酸钠加入混合液中混合搅拌；

(4) 在混合液中加入香精，将混合液泵入储存缸中老化10～12h，得到无色透明黏稠液体，即得到洗涤剂。

原料介绍 本品通过合理的组分配制比例及制备工艺，得到了一种新型的洗涤剂，其以烷基糖苷为核心，充分利用了烷基糖苷的广谱抗菌活性，避免了增稠剂和二氧化氯前体，同时还充分利用了十二烷基硫酸钠来增强整个配方体系的发泡力、去污力和黏稠度。本品各个组分之间配制比例及洗涤剂制备工艺的设计极其重要，其不仅简化了现有洗洁精的必要组分，而且经过实验表明，本品制得的洗涤剂与现有的洗洁精相比，即使省略了现有洗洁精的一些必要组分（石化原料、AES、6501和二氧化氯前体)，其对餐具和果蔬的洗涤、杀菌及消毒的效果依然能与现有技术的效果保持一致。

产品应用 本品主要应用于餐具、果蔬洗涤。

产品特性

(1) 本品具有温和、无毒、无刺激、易于生物降解、黏稠度适中且不含任何石化原料和AES、6501的特性。

(2) 本品具有去污、消毒、去农药三效合一的特点，并且本品在此基础上还做到了纯天然、环保、安全、无毒害，很好地解决了威胁人体健康的问题。真正实现了绿色、安全洗涤的目的。

配方3 餐具、果蔬用洗涤剂

原料配比

原料	配比(质量份)		
	1#	2#	3#
羟基化酰基化大豆磷脂	10	12	16
硬脂酸钾	2	3	4
蔗糖脂肪酸单酯	8	9	10
乙醇	5	6	8
丙二醇	5	6	8
香精	0.049	0.1	0.15

续表

原料	配比(质量份)		
	1#	2#	3#
色素	0.001	0.003	0.005
去离子水	加至100	加至100	加至100

制备方法

(1) 向反应器中加入羟基化酰基化大豆磷脂以及适量的去离子水，控制温度为35～45℃，搅拌均匀后，依次加入硬脂酸钾、蔗糖脂肪酸单酯及黏度调节剂(乙醇及丙二醇)，得到混合液；

(2) 搅拌下加入食品级碳酸氢钠调节混合液的pH值至5.8～6.8；

(3) 降温至25～35℃后，搅拌下加入辅料（香精及色素）及余下的去离子水，搅拌0.5～1h，老化1～3h后，得到餐具、果蔬洗涤剂。

产品特性

(1) 本品中的各成分均对人体无害，成为可食用的洗涤剂，绿色环保，因此，采用本品餐具、果蔬洗涤剂洗涤餐具、果蔬时，不需要大量的水冲洗，能够大量节约水资源。

(2) 本品同时具有餐具去污和果蔬脱除农药残留的双重功能，且其pH值接近人体皮肤，对手的刺激小；另外，本品餐具、果蔬洗涤剂还具有较好的低温稳定性。

(3) 本品不仅具有较强的去污能力，而且，采用该餐具、果蔬洗涤剂洗涤果蔬后，因不需要过度冲洗（一般用水量为浸没果蔬量为准，漂洗两次），因此残存在果蔬表面的洗涤剂基本上全部为羟基化酰基化大豆磷脂（含量为0.1%～0.5%，达到了果蔬喷膜保鲜的浓度要求），从而可在果蔬表面形成一层保护膜，使得洗涤后的果蔬在室温（25℃）下放置12h以上不打蔫，因此本品对洗涤后的果蔬具有保鲜作用。

配方4　餐具杀菌洗涤剂

原料配比

原料	配比(质量份)	原料	配比(质量份)
发泡剂	1～3	烷基葡萄糖苷	9～17
除油乳化剂	5～9	柠檬酸钾	10～20
月桂酸二乙醇酰胺	14～28	乙醇	5～10
十二烷基苯磺酸	7～14	三氯羟基二苯醚	0.5～5
三聚磷酸钠	3～8	蒸馏水	150～200

制备方法 将各原料混合搅拌均匀即可。

产品应用 本品主要应用于餐具杀菌洗涤，也可用于玻璃器皿、水果、蔬菜的洗涤和消毒。

产品特性 本品对油垢有强乳化、分散性能，对水果、蔬菜表面附着的微生物、寄生虫卵的洗涤力强，具有广谱的杀菌性，制备方法简单，成本低。

配方 5 发泡型餐具洗涤剂

原料配比

原料	配比(质量份)		
	1#	2#	3#
蔗糖油酸酯	24	36	30
椰油酰二乙醇胺	17	19	18
聚羧酸盐	3	5	4
薄荷醇	25	35	30
去离子水	350	550	400
聚丙烯酸钠	6	10	8

制备方法 将各原料混合搅拌均匀即可。

产品特性 本品发泡性好，能够对餐具深层次洁净，对人体无害，配方简单，适合广泛使用。

配方 6 无污染餐具洗涤剂

原料配比

原料	配比(质量份)		
	1#	2#	3#
蔗糖油酸酯	10	15	12
葡萄糖酸	3	5	4
椰油酸钠	10	15	12
丙二醇	1	3	2
乙醇	8	10	9
色素	0.1	0.2	0.15
香精	0.1	0.2	0.15
水	45	50	47

制备方法 将各原料混合搅拌均匀即可。

产品特性 本品去污效果好，生产成本低廉，天然无污染且不伤皮肤，适用于手洗清洁餐具。

配方 7　低刺激餐具洗涤剂

原料配比

原料	配比(质量份)		
	1#	2#	3#
直链烷基苯磺酸	10	15	12
α-烯基磺酸钠	20	25	21
烷基醇酰胺	30	40	35
烷基糖苷	2	5	3
芦荟提取液	4	7	5
椰油基二乙醇酰胺	3	9	6
脂肪醇聚氧乙烯醚	10	15	12
硫酸钠	5	10	6
EDTA-2Na	12	16	13
木糖醇	10	15	14
玉洁新	5	10	8
纳米银	1	3	2
去离子水	35	55	40

制备方法　在配料锅中先加入部分去离子水，搅拌下加入直链烷基苯磺酸、α-烯基磺酸钠、烷基醇酰胺、烷基糖苷、芦荟提取液、椰油基二乙醇酰胺、脂肪醇聚氧乙烯醚、硫酸钠、EDTA-2Na；补充余水，开始加热；搅拌下加入经过特殊处理的木糖醇、玉洁新和纳米银；搅拌均匀，温度达到35～40℃即可取样化验；合格后打料，储存消泡，灌装。

产品特性　本品有很好的起泡性和去污力，水溶性及耐硬水好。该产品刺激性小，无毒副作用。

配方 8　双剂型餐具洗涤剂

原料配比

原料		配比(质量份)			
		1#	2#	3#	4#
阴离子表面活性剂	十二烷基苯磺酸钠	23.5	55.3	45	73.5
	脂肪醇聚氧乙烯醚硫酸钠	26.5	48.5	71.5	71.2
非离子表面活性剂	椰油脂肪酸二乙醇酰胺	19.5	48.8	23.5	45.3
助剂	硅酸钠	49	55	69.5	53.7
	EDTA	140	65	48.3	62.6
碳酸钠		51.5	50	52.5	53.7

续表

原料	配比(质量份)			
	1#	2#	3#	4#
水	690	677.4	690	640
二氯异氰尿酸钠	255.5	350	274.7	220

制备方法 在温度为30～60℃的水中，加入所选用的阴离子表面活性剂，搅拌1.5～2.0h至均匀；再加入非离子表面活性剂，搅拌1～2h至均匀；调大搅拌器转速，再加入所选用的洗涤剂助剂和碳酸钠，搅拌1.0～1.5h至均匀，得到的产品为A原液并独立包装。在温度为30～40℃非敞口容器中加入水，再加入所选用的二氯异氰尿酸钠，充分搅拌至溶解均匀，得到的产品为B原液并独立包装。

产品应用 使用方法：将A原液与水按1∶155比例配制成A液，B原液与水按1∶165比例配制成B液，取一定量的A液和B液投入一定量水中即可进行餐具清洗。以200g水为例，分别加入A液1g、B液1g即可。切记不可将A液与B液直接混合。

产品特性 本品利用小分子剥离油脂大分子技术，强效除油、除渍。本洗涤剂只需浸泡3～5min，即可迅速去除餐具上残留的各种污渍，无需人力清洗。该洗涤剂其有效成分可以反复利用，达到节约水资源的目的，并且节省了大量人力。本品还解决了现有的技术问题，达到了环保、无毒、节水及高效的目的。

配方9 低残留餐具洗涤剂

原料配比

原料	配比(质量份)		
	1#	2#	3#
椰油脂肪酸单乙醇酰胺	15	17	19
椰油脂肪酸二乙醇酰胺	12	13	15
枯烯磺酸钠	2	4	5
烷基聚苷	6	4	3
香料	0.3	0.2	0.1
防腐剂	0.6	0.5	0.3
水	100	100	100

制备方法 将所述餐具洗涤剂的各成分混合并搅拌，所述搅拌速度为600～750r/min，混合均匀后得到餐具洗涤剂。

产品特性 本品清洗效果好，少量使用即可达到很好的效果，同时在餐具上成分残留少。所述洗涤剂毒性小，对与洗涤剂直接接触的手刺激性小，能有效减少对人身体的伤害。

配方 10 手洗餐具洗涤剂

原料配比

原料	配比(质量份)	原料	配比(质量份)
蔗糖油酸酯	12	乙醇	9
氨基磺酸	4	色素	0.15
柠檬酸钠	12	香精	0.15
香蕉杆	2	水	46
丙二醇	2		

制备方法 将各原料混合搅拌均匀即可。

产品特性 本品洗涤剂去污效果好，生产成本低廉，天然无污染且不伤皮肤，适用于手洗清洁餐具。

配方 11 具有杀菌作用的餐具洗涤剂

原料配比

原料	配比(质量份)		
	1#	2#	3#
脂肪醇聚氧乙烯醚硫酸钠	3	8	5.5
二氧化氯	2	6	4
柠檬酸钠	4	7	6
脂肪醇硫酸钠	3	5	4
蔗糖脂肪酸酯	4	6	5
乳化剂	1	3	2
碳酸钠	1.2	3	1.9
复合钙皂分散剂	1	3	2
乙醇	4	6	5
异丙醇	1	5	3
硅酸钠	3	9	6
膨润土	2	4	3
润肤剂	0.5	2	1.3
非离子活性剂	5	10	7.5

制备方法 将各原料混合搅拌均匀即可。

产品特性 本品清洗效果好，能够有效清洗餐具上面的污渍，同时具有杀菌作用，并且低泡、易漂洗。

配方 12 高效餐具洗涤剂

原料配比

原料	配比(质量份)			
	1#	2#	3#	4#
α-羧基十三烷基二甲基氧化胺	10	8	6	4
C_{12}～C_{14}仲烷基磺酸盐	4	6	5	10
C_{12}～C_{14}脂肪醇聚氧乙烯醚硫酸盐	20	18	10	15
脂肪醇聚氧乙烯(9)醚	3	3.5	5	4
七水硫酸镁	2.5	2.5	2.5	2.5
尿素	2	3	4	3
香精	0.1	0.1	0.1	0.1
水	加至100	加至100	加至100	加至100

制备方法 将各原料混合搅拌均匀即可。

原料介绍 所述α-羧基十三烷基二甲基氧化胺表面活性剂的活性物含量为98.5%。

所述尿素为水溶助长剂。

产品特性

(1) 本品所用的α-羧基十三烷基二甲基氧化胺表面活性剂是一种新型表面活性剂，合成工艺路线中因避免了使用叔胺导致价格昂贵的弊端，是一种廉价、对皮肤温和、泡沫丰富的餐具洗涤剂。

(2) α-羧基十三烷基二甲基氧化胺表面活性剂不仅对皮肤温和，还可以抑制阴离子表面活性的刺激性。

(3) 本品中采用α-羧基十三烷基二甲基氧化胺表面活性剂，分子中同时含有氧化胺和羧基两种基团，由于存在相互作用而使得形成泡沫时泡沫弹性增强，其泡沫力增强，还可使得泡沫稳定性大大增强。本品所产生的泡沫细腻，持久。

(4) 本品采用α-羧基十三烷基二甲基氧化胺表面活性剂，配方可以达到使用脂肪酸烷醇酰胺所能达到的黏度，而且不需要用无机盐调节黏度。

配方 13 护手型餐具洗涤剂

原料配比

原料	配比(质量份)				
	1#	2#	3#	4#	5#
甜菜碱	3	4	5	6	7
柠檬酸三钠	2	3	4	4	6

续表

原料	配比(质量份)				
	1#	2#	3#	4#	5#
乙二醇丁醚	1	5	2	2	6
氯化钠	2	4	3	3	5
淀粉酶	1	2	2	2	5
果胶酶	2	6	6	6	7
弹性蛋白水解物	3	7	7	5	8
焦磷酸四钾水溶液	1	2	4	4	5
椰油酸二乙醇酰胺	2	5	5	3	7
羟基化酰基化大豆磷脂	3	4	5	5	8
癸基葡萄苷	1	2	3	2	6
肉豆蔻酰胺丙基胺氧化物	2	6	7	6	8
棕榈酸	1	3	2	4	7
去离子水	5	8	9	10	12

制备方法

(1) 取甜菜碱、柠檬酸三钠、乙二醇丁醚、氯化钠、焦磷酸四钾水溶液和椰油酸二乙醇酰胺，加至1/3质量份的去离子水中，30～40℃恒温搅拌，得混合液Ⅰ；

(2) 取淀粉酶、果胶酶、弹性蛋白水解物和羟基化酰基化大豆磷脂，加至剩余的去离子水中，25～35℃恒温搅拌，得混合液Ⅱ；

(3) 将步骤(1)所得混合液Ⅰ与步骤(2)所得混合液Ⅱ混合，然后加入癸基葡糖苷、肉豆蔻酰胺丙基胺氧化物和棕榈酸，搅拌均匀，即得。

产品特性 本品不仅具有良好的去污洗涤效果，同时能够有效滋养、柔润手部肌肤，大大降低了对手表面的刺激性。

配方14 无刺激餐具洗涤剂

原料配比

原料	配比(质量份)		原料	配比(质量份)	
	1#	2#		1#	2#
烷基磺酸盐	9	16	石英粉	5	9
磷酸铝	4	6	磺化丁二酸钾	4	10
乙醇	3	9	防腐剂	1	3
四硼酸钠	2	8	二氯异氰尿酸钠	4	9
过氧化氢	4	8	四环素	3	9
木灰粉	2	7	去离子水	50	50

制备方法 将各原料混合搅拌均匀即可。

产品特性 本品具有很好的洗涤效果，同时无刺激，易清洗。

配方 15 易降解的餐具洗涤剂

原料配比

原料	配比(质量份)	原料	配比(质量份)
狼把草叶提取液	35	藻酸丙二醇酯	3
芦荟汁	12	乙醇	4
甜菜碱	13	烷基苯磺酸钠	2
脂肪酶	5	石膏水	4
主酶	8	去离子水	加至100
辅酶	4		

制备方法

(1) 将狼把草叶提取液、芦荟汁、甜菜碱、藻酸丙二醇酯、乙醇置于配料罐中，向其中加入去离子水，搅拌均匀后，升温溶解，温度控制在40～50℃，溶解时间为10～15min；

(2) 继续加入脂肪酶、主酶、辅酶，搅拌均匀后静置10～15min，所述的主酶为β-葡萄糖和氧化酶中的一种或两种，辅酶为NAD；

(3) 再向上述混合液中加入烷基苯磺酸钠和石膏水，搅拌混合均匀，且维持料温40～45℃直至体系呈现均一透明化溶液，陈化10～12h，放料包装即可。

所述的狼把草叶提取液的制备方法为：

(1) 取0.5～1kg狼把草叶，将其碾磨粉碎，并置于去离子水中搅拌、浸泡18～20h后，控制温度为40～60℃；

(2) 过滤，将所得的滤液煮沸5～10min后，再加入3%～4%的硅藻土，在温度为40～50℃下搅拌均匀；

(3) 经纱布过滤，浓缩即得到狼把草叶提取液。

产品应用 本品的原理：将洗涤剂喷洒于餐具表面，由于洗涤剂中含有的亲油团渗透到餐具表面与表面游离的物质黏合在一起，并在蒸汽的作用下脱落，被蒸汽带走，同时在主酶与辅酶的作用下，3～5min后即可进行完全水解，达到清洗效果。

本品的应用方法：将洗涤剂均匀地喷洒在餐具表面，并将餐具置于蒸炉中，控制温度在90～100℃，蒸煮10～15min后，取出餐具，用清水冲洗即可。

产品特性

(1) 本品去除油污效果好，洗涤剂不会残留在餐具表面；

(2) 本品洗涤剂易降解，不会造成环境污染；

(3) 本品无需浪费大量的水资源，节约水资源。

配方 16　餐具消毒洗涤剂

原料配比

原料	配比(质量份)		
	1#	2#	3#
硅酸钠	8	9	10
二氯异氰尿酸钠	1	1.5	2
四环素	3	3.5	4
乙醇	6	7	8
氨单乙醇胺	2	3	4
去离子水	40	45	50

制备方法　将各原料混合搅拌均匀即可。

产品特性　本品具有洗涤、消毒和杀菌的作用。

配方 17　餐具消毒清洗剂

原料配比

原料	配比(质量份)		
	1#	2#	3#
脂肪醇硫酸盐	30	40	35
乙醇	20	36	28
烷基脲	12	18	15
四硼酸钠	8	12	10
去离子水	30	40	35
过氧化氢	10	20	15
月桂酰三乙醇胺	10	15	12.5
水	加至 100	加至 100	加至 100

制备方法　将各原料混合搅拌均匀即可。

产品特性　本品具有高效消毒与洗涤功能。

配方 18　餐具杀菌消毒洗涤剂

原料配比

原料	配比(质量份)		原料	配比(质量份)	
	1#	2#		1#	2#
阳离子表面活性剂	10	12	正辛醇聚氧乙烯醚磺酸盐	8	10
碳酸钠	0.3	0.5	二氯异氰尿酸钠	0.9	0.5
香精	0.1	0.1	水	加至 100	加至 100

制备方法 将各组分在搅拌下溶于水，搅拌均匀即可得到餐具消毒洗涤剂。

产品特性 本品具有安全高效的杀菌能力和有效的除垢效果，可以对餐具进行安全有效的消毒，且漂洗方便，对环境友好，是一种安全环保的餐具消毒洗涤剂。

配方 19 餐具杀菌消毒清洗剂

原料配比

原料	配比(质量份)		
	1#	2#	3#
碳酸钠	0.2	0.8	0.5
碘	5	10	8
脂肪醇聚氧乙烯醚	5	15	10
丙二醇	10	20	15
聚氧乙烯脂肪胺	10	20	15
正磷酸	1	3	2
烷基二甲基氧化胺	15	25	20
水	40	60	50

制备方法 将各原料混合搅拌均匀即可。

产品特性 本品具有很强的杀菌消毒能力，同时低泡沫，易漂洗，去油脂能力强，对环境无污染。

配方 20 餐具用抗菌洗涤剂

原料配比

原料	配比(质量份)		
	1#	2#	3#
板蓝根	90	93	88
薄荷	20	18	22
公丁香	15	14	15
纯化水	200	200	200
十二烷基硫酸钠	10	8	6
脂肪醇聚氧乙烯醚硫酸钠	14	16	18
十二烷基苯磺酸钠	12	10	8
氢氧化钠	1.78	1.5	1.3
月桂酸二乙醇酰胺	5	4	6
卡松	0.16	0.16	0.16
香精	0.4	0.4	0.4
氯化钠	0.9	2	1.5

制备方法

（1）取各中药原料，混合后加水煎煮两次，每次加水量为中药质量的5～10倍，煎煮1h，合并煎煮液，浓缩至$d=1.5\sim1.8g/mL$，过滤，得到中药提取液；

（2）将上述质量份数的十二烷基硫酸钠、脂肪醇聚氧乙烯醚硫酸钠、十二烷基苯磺酸钠、氢氧化钠、月桂酸二乙醇酰胺依次溶于水中，搅拌至溶解均匀；

（3）搅拌下，加入步骤（1）得到的中药提取液，以及卡松、香精、氯化钠，至完全溶解，制成餐具用抗菌洗涤剂。

原料介绍 本品餐具用抗菌洗涤剂所使用的中药中，板蓝根水浸液对金黄色葡萄球菌、表皮葡萄球菌、枯草杆菌、八联球菌、大肠杆菌、伤寒杆菌、甲型链球菌、肺炎双球菌、流感杆菌、脑膜炎双球菌均有抑制作用，板蓝根的抑菌有效成分为色胺酮和吲哚类衍生物，其中色胺酮对羊毛状小孢子菌、断发癣菌、石膏样小孢子菌、紫色癣菌、石膏样癣菌、红色癣菌、紫装表皮癣菌等7种真菌有较强的抑菌作用。薄荷水煎剂对表皮葡萄球菌、金黄色葡萄球菌、变形杆菌、支气管鲍特菌、黄细球菌、绿脓杆菌、蜡样芽杆菌、藤黄巴叠球菌、大肠杆菌、枯草杆菌、肺炎链球菌等均有较强的抗菌作用，同时薄荷油的主要成分薄荷脑还是一种芳香清凉剂。公丁香水煎剂含有丁香油及丁香油酚类化学成分，对葡萄球菌、链球菌、大肠杆菌、伤寒杆菌、绿脓杆菌等有抑制作用。

产品特性

（1）本品不仅能抗各种细菌，对各种致病性真菌有抑制作用，而且具有用量少、去油污力强、杀菌效果好、不限水温、安全无毒的特点，通过渗透、皂化、乳化、悬浮等化学作用，能够快速去除各种食物残渍和油脂。本品洗涤剂为中性，泡沫丰富，过水容易，适用于一切水质，清洗后餐具不留斑渍。

（2）本品在洗涤剂中添加具有高效杀菌作用的中药，大大降低了产品中防腐剂的添加量，药物残留低更安全，不添加含磷成分更环保，洗涤剂配方新颖、独特、简单，能满足要求天然、环保、高效去污、抗菌的需求。

配方21 餐具用清洗剂

原料配比

原料	配比(质量份)		
	1#	2#	3#
壬基酚乙氧基化物	28	25	35
双十八烷基二甲基氯化铵	11	10	15
N-椰油酰基谷氨酸盐	16	15	20
碳酸氢钠	6	5	8

续表

<table>
<tr><th colspan="2" rowspan="2">原料</th><th colspan="3">配比(质量份)</th></tr>
<tr><th>1#</th><th>2#</th><th>3#</th></tr>
<tr><td colspan="2">单椰油酰二乙醇胺</td><td>7</td><td>6</td><td>8</td></tr>
<tr><td colspan="2">碱性脂肪酶和磷脂酶的混合物</td><td>2</td><td>1</td><td>3</td></tr>
<tr><td colspan="2">复合钙皂分散剂</td><td>22</td><td>15</td><td>25</td></tr>
<tr><td colspan="2">邻苯二甲酸酯</td><td>24</td><td>15</td><td>25</td></tr>
<tr><td rowspan="2">碱性脂肪酶和磷脂酶的混合物</td><td>碱性脂肪酶</td><td>2</td><td>2</td><td>2</td></tr>
<tr><td>磷脂酶</td><td>3</td><td>3</td><td>3</td></tr>
</table>

制备方法 将各组分原料混合均匀即可。

产品特性 本品具有优异的去油除垢能力，无毒无害，无残留物，安全环保。与水以任意比例混配，具有优异的去油脱污能力，且可生物降解，无污染；同时本品采用天然物质配料，使用中不会腐蚀和损伤皮肤，当人们用其清除餐具的时候，对人们的手部具有美白效果，避免人们担心现有洗涤剂中化学物质对手部的伤害。

配方 22 茶杯专用抗菌洗涤剂

原料配比

原料	配比(质量份)		
	1#	2#	3#
过碳酸钠	4～6	4～5	5～6
二辛基甘氨酸盐	8～12	8～10	10～12
双链季铵盐	6～8	6～7	7～8
异噻唑啉酮	3～5	3～4	4～5
氯化钠	4～6	4～5	5～6
双癸基二甲基溴化铵	5～7	5～6	6～7
净化水	加至100	加至100	加至100

制备方法

(1) 将乳化罐按照比例加入净化水，加热至20℃；

(2) 将过碳酸钠和氯化钠按照比例称量好，缓慢地加入乳化罐中，搅拌10min，使各成分彻底溶解；

(3) 将乳化罐中的液体加热至45℃，然后按照比例将双癸基二甲基溴化铵和双链季铵盐称量好，混合后加入乳化罐中，搅拌20min；

(4) 按照比例将二辛基甘氨酸盐和异噻唑啉酮分别缓慢地加入乳化罐中，搅拌均匀；

(5) 停止加热、搅拌，冷却后出罐。

原料介绍 过碳酸钠为白色松散颗粒，在冷水中溶解性非常好，性质温和，在水中可分解成 Na_2CO_3 和 H_2O_2，具有漂白、杀菌、去污等功能，溶于水后放出氧而起洗涤、漂白和杀菌等多功能作用，25%过碳酸钠水溶液浸泡茶垢 2min 后茶垢自然去除。过碳酸钠克服了氯系漂白剂带有异味、易使物体表面变色带味的缺点，因而适用于氯系漂白剂所不适用的地方，对洗涤表面没有任何伤害。1%过碳酸钠水溶液在 26℃以上可以杀灭大肠杆菌、葡萄球菌，2.5%过碳酸钠水溶液 38℃以上可以杀灭肝炎病毒，用于茶杯的消毒和洗涤比较温和、效果非常明显。

二辛基甘氨酸盐是一种两性表面活性剂，具有良好的杀灭微生物的作用，性能稳定、使用安全，并且表现出良好的表面活性剂的洗涤作用，对于新买的或许久未用的茶杯具有溶解污物的作用。双链季铵盐则是一种阳离子表面活性剂，是一种较新型的消毒剂，因其结构比单链季铵盐多一个碳数为 8～10 的烷基，故在杀菌效果等方面优于单链季铵盐。

异噻唑啉酮分子中包含一个环和一个五价氮原子的结构。咪唑酮的母体结构是咪唑，分子结构为包含叔氮和亚胺基团的五元杂环，具有广谱的抗菌能力，对革兰氏阳性菌、革兰氏阴性菌、真菌、酵母菌、异养菌等具有较好的抑制效果，同时具有高效、无毒、低刺激性以及优良生物降解特性。氯化钠作为良好的洗涤产品添加剂，具有增稠、去污、杀菌的特性，能够将各种成分物质良好地结合在一起，并且可以使细菌的细胞脱水而起到杀菌的作用。双癸基二甲基溴化铵可单独用作消毒剂，低浓度添加到表面活性剂溶液中，可以起到除菌的目的。

产品特性

(1) 本品高效的除菌成分，作用于茶杯表面，对茶杯无伤害；

(2) 本品低泡的表面活性剂成分，容易冲洗、避免浪费；

(3) 本品无味、无残留，不会影响下次冲茶时的茶香；

(4) 本品性能稳定，性质温和，不伤害皮肤。

配方 23 茶垢洗涤剂

原料配比

原料	配比(质量份)		
	1#	2#	3#
柠檬酸	10	10	12
碳酸水	70	65	65
碳酸钠	8	8	8
乙酸	5	6	7

续表

原料	配比(质量份)		
	1#	2#	3#
维生素C	2	1	1
氯化钠	5	10	7

制备方法 将各原料混合搅拌均匀即可。

产品特性 本品能快速清除茶垢，将洗涤剂倒入杯内摇晃即可清洗干净，清洗操作简便，残留在杯内的所有成分都可食用，不用担心洗涤剂残留问题，健康环保。

配方 24 茶垢清洗剂

原料配比

原料	配比(质量份)		原料	配比(质量份)	
	1#	2#		1#	2#
三聚磷酸钠	4	9	碳酸钠	3	5
丙二醇	3	8	维生素C	2	4
烷基葡萄糖苷	7	9	葡萄糖酸钠	6	8
十二烷基苯磺酸	5	11	阴离子表面活性剂	5	7
乙醇	2	6	焦磷酸钾	2	6
葡糖单癸酸酯	6	10	发泡剂	1	3
聚氧乙烯月桂醇醚	4	11	水	65	65

制备方法 将各原料混合搅拌均匀即可。

产品特性 本品能够快速地溶解茶垢，进而达到清洗的目的，同时成分残留少，对人体几乎没有伤害。

配方 25 茶皂素洗涤剂

原料配比

原料	配比(质量份)		
	1#	2#	3#
茶粕粉	50	70	60
茶皂素	25	15	18
无患子果皮粉	20	10	19
植物香料粉末	5	5	3

制备方法

(1) 将组分量的茶粕和无患子果皮分别粉碎成200目以上的细粉；

(2) 将步骤 (1) 所得的茶粕粉和无患子果皮粉混合均匀，再加入组分量的茶皂素粉末，搅拌混合 5～10min；

(3) 在步骤 (2) 中制得的粉末中添加植物香料粉末，搅拌混合均匀。

原料介绍 无患子果皮粉的制备方法如下：

(1) 将新鲜摘取后的无患子果皮、果核分离，将分离的无患子果皮中的杂质去除，清洗干净后烘干至含水率小于 20%；

(2) 将烘干后的无患子果皮置于真空箱内，箱内真空度设定为－0.06～－0.07MPa，通入蒸汽加热，蒸汽压力为 0.2～0.5MPa，蒸汽加热时间为 15～30min；

(3) 将蒸汽加热后的无患子果皮在 20～40℃温度下进行真空低温干燥，干燥后含水率为 5%～10%，采用低温干燥使无患子果皮表面水分的蒸发速度与内部水分向表面迁移速度比较接近，从而保证无患子果皮在较短时间内干透。

产品特性 本品使用纯天然的茶粕粉、茶皂素和无患子果皮粉作为洗涤剂的主要成分，利用茶粕粉、茶皂素和无患子果皮粉的天然特性，经过复杂的配比试验后，制成的复合洗涤剂绿色环保，对环境无污染。

本品洗涤效果很好，使用时产生丰富的泡沫，特别适合油污比较严重的餐馆餐具洗涤使用，洗涤油污后的残留物容易降解，而且洗涤油污后的残留物经过生化处理后可以作为绿色肥料使用。

配方 26 地榆杀菌餐具液体洗涤剂

原料配比

原料	配比(质量份)	原料	配比(质量份)
月桂酰胺丙基氧化胺	5	癸基葡糖苷	6
肉豆蔻酰胺丙基胺氧化物	5	地榆提取液	0.1
N,*N*-二甲基癸烷基-*N*-氧化胺	3	水	80

制备方法 将月桂酰胺丙基氧化胺、肉豆蔻酰胺丙基胺氧化物、*N*,*N*-二甲基癸烷基-*N*-氧化胺、癸基葡糖苷和地榆提取液加入水中，加热至 40～60℃，混合均匀，即可制得该地榆餐具液体洗涤剂。

本品地榆提取液可以通过市售而得，也可以采用下述方法制备而得：把地榆粉碎后，加 6～10 倍质量的去离子水，浸泡 1～3h，超声波提取 10～15min，离心，过滤，弃去沉淀将上清液浓缩，制得地榆提取液，控制地榆提取液密度为 1.02～1.08g/cm^3。

产品特性 本品采用非离子表面活性剂和两性表面活性剂复配，摒弃了传统的阴离子表面活性剂，在确保良好的去污洗涤效果的同时，大大降低了对手表面的刺激性，同时复配地榆提取液，能够有效杀灭细菌。

配方27 多元餐具洗涤剂

原料配比

原料	配比(质量份)		
	1#	2#	3#
脂肪醇醚磺基琥珀酸单酯二钠(活性物为30%)	3	—	30
脂肪醇聚氧乙烯醚硫酸钠(活性物为30%)	2	1	1
椰油酰胺丙基甜菜碱(活性物为30%)	60	30	3
椰油酰胺丙基氧化胺(活性物为30%)	20	30	20
烷基糖苷(活性物为50%)	6	6	28
柠檬酸	0.2	0.2	0.3
EDTA-2Na	0.1	0.2	0.2
板蓝根提取物	0.01	0.25	0.05
防腐剂	0.05	0.05	0.05
香精	0.1	0.2	0.2
去离子水	加至100	加至100	加至100

制备方法 将各原料混合搅拌均匀即可。

原料介绍 上述配方中所列表面活性剂为天然油脂衍生物，性质温和，生物降解性好，对人类健康和环境都安全。此餐具洗涤剂pH值为6.5～7.5，中性产品对皮肤无刺激性。

板蓝根提取物对金黄色葡萄球菌、肺炎链球菌、流感杆菌、大肠杆菌、痢疾杆菌、八叠球菌等均有抑制作用，添加到餐具洗涤剂中，清洁餐具同时具有杀菌、抑菌功能，若普通餐具洗涤剂不需要杀菌功能也可不添加。

防腐剂为凯松，化学名称为5-氯-2-甲基-4-异噻唑啉-3-酮和2-甲基-4-异噻唑啉-3-酮的混合物，其活性物浓度为1.5%，添加量不大于0.1%时对人体是安全的。

产品特性 本多元餐具洗涤剂采用多种安全、温和、易生物降解的表面活性剂复配而成，同时采用冷配生产工艺，不需要耗费热能加热溶解表面活性剂。所配制的多元浓缩餐具洗涤剂性质稳定、安全环保、流动性好、方便使用。先用清水稀释多元浓缩餐具洗涤剂后再使用稀释液清洗餐具，在使用时将稀释液喷洒在餐具上清洗，解决了浓缩餐具洗涤剂由于浓度高若清洗不彻底引起的残留问题。由于本品使用的原料均为天然油脂合成原料，直接使用对人体健康也是绝对安全的。

配方 28　防风抗过敏餐具液体洗涤剂

原料配比

原料	配比(质量份)	原料	配比(质量份)
月桂酰胺丙基氧化胺	5	癸基葡糖苷	6
肉豆蔻酰胺丙基胺氧化物	5	防风提取液	0.1
N,*N*-二甲基癸烷基-*N*-氧化胺	3	水	80

制备方法　将月桂酰胺丙基氧化胺、肉豆蔻酰胺丙基胺氧化物、*N*,*N*-二甲基癸烷基-*N*-氧化胺、癸基葡糖苷和防风提取液加入水中，加热至 40～60℃，混合均匀，即可制得防风抗过敏餐具液体洗涤剂。

本品的防风提取液可以通过市售而得，也可以采用下述方法制备而得：把防风粉碎后，加 6～10 倍质量的去离子水，浸泡 1～3h，超声波提取 10～15min，离心，过滤，弃去沉淀将上清液浓缩，制得防风提取液，控制防风提取液密度为 1.02～1.08g/cm^3。

产品特性　本品采用非离子表面活性剂和两性表面活性剂复配，摒弃了传统的阴离子表面活性剂，在确保良好的去污洗涤效果的同时，大大降低了对手部皮肤的刺激性，同时复配防风提取液，在清洁餐具的同时能够有效防止手部皮肤过敏。

配方 29　粉状餐具洗涤剂

原料配比

原料	配比(质量份)		
	1#	2#	3#
十二烷基苯磺酸钠	13	11.4	13
α-烯基磺酸钠	15	15	13.1
沸石	6	7	9
十六醇聚氧乙烯醚	7	6	12
过硼酸钠	7	12	11
柠檬酸钠	6	8	9.2
羧甲基纤维素	10	13	7
十二烷基硫酸钠	11	9	9
碳酸钠	15	9	7
硅酸钠	8	8	9.1
苯甲酸钠	1	0.5	0.1
酶制剂	1	1	0.45
柠檬精油	—	0.1	—
薄荷精油	—	—	0.05

制备方法 将各原料混合搅拌均匀即可。

原料介绍 所述的酶制剂为脂肪酶、纤维素酶的一种或两者的混合物。

产品特性 本品采用的脂肪酶和纤维素酶能够有效地去除餐盘上残留的物质，洗涤剂去污效果好，所采用的苯甲酸钠是一种有效的防腐剂，还能杀菌消毒，采用的原料均易获取、成本较低。本品制备简单，便于市场的推广。

配方 30 改进型环保洗涤剂

原料配比

原料	配比(质量份)		
	1#	2#	3#
山里红	28	25	35
双十八烷基二甲基氯化铵	11	10	15
N-椰油酰基谷氨酸盐	16	15	20
碳酸氢钠	6	5	8
单乙醇胺	7	6	8
碱性脂肪酶和磷脂酶的混合物	2	1	3
甘油	22	15	25
乙醇	24	15	25

制备方法 将各组分混合均匀即可。

原料介绍 碱性脂肪酶和磷脂酶的混合物为2份碱性脂肪酶和3份磷脂酶混合而成。

产品应用 本品主要应用于厨房餐具洗涤。

产品特性 本品与水以任意比例混配，具有优异的去油脱污能力，且可生物降解，无污染；同时本品采用天然物质配料，使用中不会腐蚀和损伤皮肤，当人们用其清除餐具的时候，对人们的手部具有美白效果，避免人们担心现有洗涤剂中化学物质对手部的伤害。

配方 31 改进的餐具洗涤剂

原料配比

原料	配比(质量份)	
	1#	2#
氨基磺酸	9	14
脂肪醇硫酸盐	4	6
椰油酰胺丙基甜菜碱	5	10
氧化铁	3	7

续表

原料	配比(质量份)	
	1#	2#
烷基磺酸钠	3	5
硅酸钠	6	8
乙醇	1	5
月桂酰三乙醇胺	6	10
甲基丙醇二乙酸钠	2	7
稳定剂	1	3
植物香精	2	5
去离子水	40	40

制备方法 将各原料混合搅拌均匀即可。

产品应用 本品主要应用于餐具的洗涤。

产品特性 本品具有很好的清洗性能，同时能够杀菌消毒，用量少，易清洗。

配方 32 改进的机洗餐具清洗剂

原料配比

原料		配比(质量份)		
		1#	2#	3#
三氯羟基二苯醚		20	15	25
小苏打		11	10	15
硅酸钠		18	15	20
过氧化物酶和蛋白酶的混合物		4	2	5
聚氧乙烯脂肪酸酯		12	10	15
聚乙二醇		10	8	15
甘油		12	10	15
过氧单磺酸钾		20	15	25
过氧化物酶和蛋白酶的混合物	过氧化物酶	3	3	3
	蛋白酶	2	2	2

制备方法 将各组分原料混合均匀即可。

产品应用 本品主要用于饭店、酒楼、宾馆等饮食业场所机洗餐具的洗涤剂，也可用作手洗餐具洗涤剂。

产品特性 本品有优异的去油除垢能力，无毒无害，可自行生物降解，具有去污性能强、分散性好、无异味等优点。

配方 33　改进的洗涤剂

原料配比

原料	配比(质量份)		
	1#	2#	3#
非离子表面活性剂	20	15	25
小苏打	11	10	15
硅酸钠	18	15	20
过氧化物酶和蛋白酶的混合物	4	2	5
葡萄糖酸钙	12	10	15
聚乙二醇	10	8	15
甘油	12	10	15
丙三醇	20	15	25

制备方法　将各原料混合搅拌均匀即可。

原料介绍　过氧化物酶和蛋白酶的混合物为 3 份过氧化物酶和 2 份蛋白酶混合而成。

产品应用　本品主要应用于饭店、酒楼、宾馆等饮食业场所的机洗餐具洗涤。

产品特性　本品具有去污性能强、分散性好、无异味等优点。

配方 34　甘草杀菌餐具液体洗涤剂

原料配比

原料	配比(质量份)	原料	配比(质量份)
月桂酰胺丙基氧化胺	5	癸基葡糖苷	6
肉豆蔻酰胺丙基胺氧化物	5	甘草提取液	0.1
N,*N*-二甲基癸烷基-*N*-氧化胺	3	水	80

制备方法　将月桂酰胺丙基氧化胺、肉豆蔻酰胺丙基胺氧化物、*N*,*N*-二甲基癸烷基-*N*-氧化胺、癸基葡糖苷和甘草提取液加入水中，加热至 40～60℃，混合均匀，即可制得该甘草杀菌餐具液体洗涤剂。

原料介绍　本品甘草提取液可以通过市售而得，也可以采用下述方法制备而得：把甘草粉碎后，加 6～10 倍质量的去离子水，浸泡 1～3h，超声波提取 10～15min，离心，过滤，弃去沉淀将上清液浓缩，制得甘草提取液，控制甘草提取液密度为 1.02～1.08g/cm^3。

产品应用　本品主要应用于餐具洗涤。

产品特性　本品采用非离子表面活性剂和两性表面活性剂复配，摒弃了传统的阴离子表面活性剂，在确保良好的去污洗涤效果的同时，大大降低了对手表面的刺激性，同时复配甘草提取液，能够有效杀灭细菌。

配方 35 含有 N-脂肪酰基谷氨酸盐的餐具洗涤剂

原料配比

原料	配比(质量份)				
	1#	2#	3#	4#	5#
N-椰油酰基谷氨酸钠	8	—	—	—	5
N-椰油酰基谷氨酸三乙醇胺盐	—	4	—	—	—
N-月桂酰基谷氨酸钠	—	—	7	—	4
N-月桂酰基谷氨酸钾	—	—	—	5	—
AES(70%)	21	20	18	15	20
AOS(30%)	—	—	—	6	—
6501	—	5	—	—	—
APG(50%)	15	—	15	13	10
甘油	—	—	—	3	5
丙二醇	3	—	—	—	—
丁二醇	—	2	2	—	—
CAB(30%)	5	5	—	5	—
CAO(30%)	—	—	5	—	6
水	46.7	62.6	51.6	51.7	48.7
氯化钠	1	1	1	1	1
柠檬酸	0.1	0.2	0.2	—	0.1
柠檬酸钠	—	—	—	0.1	—
凯松	0.1	0.1	0.1	0.1	0.1
香精	0.1	0.1	0.1	0.1	0.1

制备方法 将 *N*-脂肪酰基谷氨酸盐、阴离子表面活性剂、非离子表面活性剂、两性离子表面活性剂、多元醇保湿剂、水、pH 调节剂在搅拌下，于室温或加热条件下混匀后，在同一温度、搅拌下加入电解质混合均匀，冷却后加入香精和防腐剂凯松，混匀制得产品。

原料介绍 所述的 *N*-脂肪酰基谷氨酸盐是一种氨基酸类阴离子型表面活性剂。其中酰基为 C_8～C_{22}的饱和或不饱和脂肪酸衍生的酰基，例如可以是来自月桂酸、肉豆蔻酸、棕榈酸、硬脂酸、油酸、山嵛酸等单一组成的脂肪酸酰基，此外可以是来自棕榈油脂肪酸、椰油脂肪酸、向日葵油脂肪酸、大豆油脂肪酸、牛脂脂肪酸、硬化牛脂脂肪酸等天然获得的混合脂肪酸的精制物或者来自通过合成而获得的脂肪酸混合物的酰基，*N*-脂肪酰基谷氨酸盐一般优先采用钠、钾等金属盐或三乙醇胺等有机盐。所述的N-脂肪酰基谷氨酸盐，为N-月桂酸酰基谷氨酸盐和/或N-椰油酰基谷氨酸盐。

所述的阴离子表面活性剂是磺酸盐、水溶性的硫酸盐、聚氧乙烯醚硫酸盐、肌氨酸盐类阴离子表面活性剂中的一种或几种。所述的阴离子表面活性剂磺酸盐是水溶性的，这类表面活性剂是C_6～C_{20}烷基苯磺酸钠、C_6～C_{20}烷基苯磺酸钾、C_6～C_{20}烷基苯磺酸铵、C_6～C_{20}烷基苯磺酸乙醇胺盐，C_8～C_{18}链烷基磺酸盐，C_{10}～$C_{24}$$\alpha$-烯基磺酸盐（AOS）等。较为理想的磺酸盐型阴离子表面活性剂是十二烷基苯磺酸钠盐或钾盐。所述水溶性的硫酸盐或聚氧乙烯醚硫酸盐阴离子表面活性剂，有如下形式：$R—O(A)nSO_3^- M^+$，其中R为未取代的直链或支链C_6～C_{20}的烷基或羟烷基基团，A为乙氧基或丙氧基单元，n为1～5，M为铵离子或一金属离子，烷基醚硫酸盐一般以包含不同链长的R和不同乙氧基化度的混合物形式存在，理想的硫酸盐聚氧乙烯醚表面活性剂为脂肪醇聚氧乙烯（1.5～3）醚硫酸钠（AES）。所述脂肪酸肌氨酸盐类阴离子表面活性剂，如十二烷基肌氨酸钠。

所述的非离子表面活性剂为烷基糖苷（APG）和/或椰油脂肪酸二乙醇酰胺（6501）。所述的烷基糖苷是烷基糖苷（APG）的主要原料来自于椰油和玉米，是一种对人体皮肤无刺激、很温和的植物源表面活性剂；所述的椰油脂肪酸二乙醇酰胺（6501）具有良好的发泡、稳泡、渗透去污、抗硬水等功能，与阴离子表面活性剂配伍有一定的增稠效果。

所述的两性表面活性剂为甜菜碱型两性表面活性剂和/或氧化胺两性表面活性剂。所述的水溶性的两性表面活性剂在本品配方中具有良好的发泡性能和洗涤能力，对硬水稳定，是一类温和的表面活性剂。所述甜菜碱型两性表面活性剂优选为椰油酰胺丙基甜菜碱（CAB）或椰油酰胺丙基羟磺基甜菜碱。所述的作为增泡剂/稳定剂的氧化胺两性表面活性剂较为理想的是十二烷基二甲基氧化胺（OB-2）或椰油酰胺丙基氧化胺（CAO）。

所述的多元醇保湿剂为甘油、丁二醇、聚乙二醇、丙二醇、乙二醇、木糖醇、聚丙二醇或山梨糖醇中的一种或几种。

所述的电解质包括氯化钠、氯化钾、柠檬酸钠、乙酸钠、硫酸钠或硫酸钾。

所述pH调节剂，包括碱金属碳酸盐或碳酸氢盐溶液和有机或无机酸溶液，如Na_2CO_3、$NaHCO_3$、K_2CO_3、$KHCO_3$及柠檬酸、酒石酸、磺酸、磷酸等的水溶液或盐酸、硫酸，根据配方要求的pH值选择合适的加入量。

所述凯松，为5-氯-2-甲基-4-异噻唑啉-3-酮和2-甲基-4-异噻唑啉-3-酮的混合物，其活性物浓度为1.5%。

产品特性 本品具有对皮肤无伤害、温和、刺激性小、毒性低、去油污力强、能生物降解、环保等优点；同时酸碱度为中性，不伤手，即使不洗干净也不

会在体内聚集，可排出体外，不含磷酸盐，无毒副作用。

配方 36　红景天餐具液体洗涤剂

原料配比

原料	配比(质量份)	原料	配比(质量份)
月桂酰胺丙基氧化胺	5	癸基葡糖苷	6
肉豆蔻酰胺丙基胺氧化物	5	红景天提取液	0.1
N,*N*-二甲基癸烷基-*N*-氧化胺	3	水	80

制备方法　将月桂酰胺丙基氧化胺、肉豆蔻酰胺丙基胺氧化物、*N*,*N*-二甲基癸烷基-*N*-氧化胺、癸基葡糖苷和红景天提取液加入水中，加热至40～60℃，混合均匀，即可制得该红景天餐具液体洗涤剂。

原料介绍　本品红景天提取液可以通过市售而得，也可以采用下述方法制备而得：把红景天粉碎后，加6～10倍质量的去离子水，浸泡1～3h，超声波提取10～15min，离心，过滤，弃去沉淀将上清液浓缩，制得红景天提取液，控制红景天提取液密度为1.02～1.08g/cm^3。

产品特性　本品采用非离子表面活性剂和两性表面活性剂复配，摒弃了传统的阴离子表面活性剂，在确保良好的去污洗涤效果的同时，大大降低了对手表面的刺激性，同时复配红景天提取液，能够有效滋养肌肤，进一步降低对手表面的刺激。

配方 37　红石榴护肤餐具液体洗涤剂

原料配比

原料	配比(质量份)	原料	配比(质量份)
月桂酰胺丙基氧化胺	5	癸基葡糖苷	6
肉豆蔻酰胺丙基胺氧化物	5	红石榴提取液	0.1
N,*N*-二甲基癸烷基-*N*-氧化胺	3	水	80

制备方法　将月桂酰胺丙基氧化胺、肉豆蔻酰胺丙基胺氧化物、*N*,*N*-二甲基癸烷基-*N*-氧化胺、癸基葡糖苷和红景天提取液加入水中，加热至40～60℃，混合均匀，即可制得该红石榴护肤餐具液体洗涤剂。

原料介绍　本品红石榴提取液可以通过市售而得，也可以采用下述方法制备而得：把红石榴粉碎后，加6～10倍质量的去离子水，浸泡1～3h，超声波提取10～15min，离心，过滤，弃去沉淀将上清液浓缩，制得红石榴提取液，控制红石榴提取液密度为1.02～1.08g/cm^3。

产品特性　本品采用非离子表面活性剂和两性表面活性剂复配，摒弃了传统的阴离子表面活性剂，在确保良好的去污洗涤效果的同时，大大降低了对手表面的刺激性，同时复配红石榴提取液，使用本品在清洁餐具的同时能够有效滋养柔润手部肌肤。

配方 38 浒苔餐具清洗剂

原料配比

原料	配比(质量份)	原料	配比(质量份)
浒苔多糖	4.0～6.0	海藻酸钠	3.0～6.0
浒苔水解酶	1.0～3.0	氯化钠	1.5～2.0
浒苔皂苷	1.5～3.0	净化水	加至100
浒苔纤维质胶	2.0～3.0		

制备方法

(1) 将浒苔多糖、浒苔纤维质胶按比例稀释，混合均匀；

(2) 按比例分别加入浒苔皂苷和海藻酸钠搅拌均匀；

(3) 将氯化钠一边搅拌一边加入净化水中，放入乳化罐，将步骤 (1)、(2) 所得混合物加入乳化；

(4) 按比例加入浒苔水解酶，搅拌均匀，分装。

原料介绍

(1) 浒苔多糖的作用原理：浒苔多糖各剂量 TC、TG、LDL-C 水平均低于高脂模型组，而其 HDL-C 水平则均高于高脂模型组。浒苔多糖可降低被认为是致动脉硬化因子的 LDL 含量，升高被认为抗动脉硬化因子的 HDL 的含量，浒苔多糖在降低血脂的同时可降低实验大鼠的 AI，说明浒苔多糖可对冠心病起到一定的预防作用。浒苔多糖降血脂作用的可能原因是：一方面，多糖能够加快肝胆循环，促进酮体利用，进而促进脂肪分解；另一方面，从物理性质看多糖属于水溶性膳食纤维。研究表明，水溶性膳食纤维具有良好的降血脂作用。长期高脂饮食可造成实验大鼠得脂肪肝，浒苔多糖对高脂饮食所致的脂肪肝具有拮抗作用，并且呈现一定的量效关系。因此，浒苔多糖可减少肝细胞的脂肪变性，保持肝细胞形态的正常，对脂肪肝具有一定的预防作用。其可能原因是多糖抑制了大鼠肝细胞膜及内膜系统的脂质过氧化损伤，减少了构成细胞的大分子物质发生各种氧化反应，因而防止脂肪肝的发生。浒苔多糖还可通过增强 SOD、GSH-Px 等抗氧化酶活性，促进防御脂质过氧化的酶促反应，降低体内自由基水平，进而降低体内 MDA 含量，从而改善高血脂大鼠体内氧化-抗氧化失衡状态，减少因高脂症产生的过量自由基对机体的损伤作用。浒苔多糖在配方中起非离子表面活性剂的作用。

(2) 浒苔纤维质胶的作用原理：条浒苔的纤维质有解毒烟碱的作用，对吸烟者有好处。在各有效成分的协同合作下，对剧毒农药小分子进行中和，从而达到为蔬菜、瓜果彻底脱毒的目的。将浒苔经热水浸提制备的浒苔凝胶作为主要胶凝剂，其凝胶强度、凝聚性、弹性均较好。浒苔纤维质胶在配方中起非离子表面活性剂和凝胶凝聚性的作用。

（3）浒苔水解酶的作用原理：从浒苔中分离出的真菌蛋白分解酶，具有广谱分解有机物蛋白油污的能力。该酶的最适反应温度为45℃，最适 pH 值为7.5，在50℃以下以及在 pH 值为6～9.5范围内活性稳定。Hg^{2+}、Fe^{3+}、对氯高汞苯甲酸、碘乙酸和 *N*-乙基马来酰亚胺对该酶有强烈的抑制作用，而 Cu^{2+}、巯基乙醇、二硫苏糖醇、二硫赤藓糖醇、谷胱甘肽和去污剂对酶有不同程度的激活作用。该酶不仅可以作用于含 PO 键的有机油污，而且也能水解含 PS 键的有机油污。

产品应用 本品主要用于家庭餐具污垢的清洗和抗菌。

产品特性

（1）本品具有较强的去污能力，通过渗透、皂化、乳化、悬浮等化学作用，能快速去除各种食物残渍和油脂。其特殊水处理剂使其适用于一切水质，清洗后餐具不留斑渍。

（2）本品无毒、不损伤皮肤。

（3）本品含海洋生物成分，化学性质稳定，无污染、环保。

（4）本品抗菌率效果显著，工艺简单，成本低。

配方 39 环保餐具洗涤剂

原料配比

原料	配比(质量份)	原料	配比(质量份)
黄米粉	15	小苏打	6.5
小麦胚芽饼粉	7	苎烯	4
冬瓜粉	5	盐水	加至100

制备方法 在反应釜中加入一定量的盐水，调整水温至40℃，边搅拌边加入黄米粉，溶解后再缓慢加入小麦胚芽饼粉，随后加入冬瓜粉，溶解后再加入小苏打和苎烯，同时保证盐的配比量，搅拌30min。

原料介绍 所述的苎烯是一种从柚子、柠檬类水果皮中蒸馏提炼得到的一种天然的烃类溶剂物质，具有柑橘（柠檬）水果香味，对油脂的溶解性很强，具有卓越的去油脱污能力。

所述的黄米粉和小麦胚芽饼粉可用于去除植物油和动物油，使用中不会腐蚀和损伤皮肤，相当于使用同量的现有洗涤剂的去污效果。

产品应用 本品主要应用于清洗油性污垢等污渍。

产品特性 本品去污清洗效果优异，特别适用于清洗油性污垢等污渍，其去污能力显著。本品具有优良的去污性能、温和的洗涤性质，不会损伤皮肤。

配方 40 环保杀菌洗涤剂

原料配比

原料	配比(质量份)		
	1#	2#	3#
茉莉花渣提取液	50	80	100
新鲜丝瓜渣提取液	50	80	100
橙子皮提取液	50	80	100
纳米除油乳化剂	300	350	400
全透明增稠粉	50	60	80
皂液	40	50	60
α-烯基磺酸钠	50	60	80
羧甲基纤维素	50	60	80
分散剂	50	70	80
苯甲酸钠	1	5	10
酶制剂	1	5	10

制备方法 将各组分混合均匀即可。

原料介绍 所述酶制剂为脂肪酶、纤维素酶的一种或两者的混合物。

所述的分散剂为十二烷基硫酸钠（5%～25%）、碳酸钠（5%～20%）、硅酸钠（5%～30%）的混合物，以上均为质量分数。

所述的茉莉花渣提取液、新鲜丝瓜渣提取液的制备方法为：按配方量分别取茉莉花渣、新鲜丝瓜渣，分别向茉莉花渣、新鲜丝瓜渣中加入其 3～5 倍质量份的水，调节 pH 值至 4～5，再分别加入茉莉花渣、新鲜丝瓜渣总质量 0.1%～0.2%的果胶酶和纤维素酶复合酶进行酶解 14～20h，控制温度为 40～50℃，升温至 90～95℃灭酶，蒸干，加入乙醇，加热至 90～95℃回流提取 3 次，每次提取 30～40min，过滤合并滤液，浓缩，制得茉莉花渣提取液、新鲜丝瓜渣提取液。

所述橙子皮提取液的制备方法为：按配方量取橙子皮，粉碎成 30～50 目，加入乙醇，加热至 90～95℃回流提取 3 次，每次提取 1～2h，过滤合并滤液，浓缩，制得橙子皮提取液。

产品应用 本品主要应用于餐具洗涤。

产品特性 本品采用的脂肪酶和纤维素酶能够有效地去除餐盘上残留的物质，洗涤剂去污效果好，采用的原料均易获取、成本较低，制作简单，便于市场的推广；同时所用原料绿色环保，无污染，原料中茉莉花渣提取液、新鲜丝瓜渣提取液、橙子皮提取液为废料制备提取，变废为宝，降低成本。

配方 41 环保洗涤剂

原料配比

原料	配比(质量份)		
	1#	2#	3#
天然植物油醇聚氧丙烯	45	10	60
脂肪醇聚氧乙烯醚	5	3	6
柠檬酸钙	3	3	3
十二烷基硫酸钠	5	4	6
丙烯酸乙酯	3	3	3
蛋白酶	3	2	5
乙醇	35	20	40

制备方法 将各组分混合均匀即可。

产品应用 本品主要应用于厨房餐具等洗涤。

产品特性 本品与水以任意比例混配，具有优异的去油脱污能力，且可生物降解，无污染；同时本品采用蛋白酶和乙醇，可用于去除植物油和动物油，使用中不会腐蚀和损伤皮肤，对人们的手部具有美白效果，避免人们担心现有洗涤剂中化学物质对手部的伤害，达到节水和高效去污的目的。

配方 42 环保型不伤手餐具洗涤剂

原料配比

原料	配比(质量份)				
	1#	2#	3#	4#	5#
十二烷基硫酸钠	15	10	20	11	18
壬基酚聚氧乙烯醚	18	25	10	24	15
乙二醇单硬脂酸酯	1.6	2.8	0.6	2.5	1
马来酸单钠	4	7	1	5	2
烷基苯磺酸钠	5	10	1	7	3
椰油酰二乙醇胺	10	15	5	13	8
菠萝香精	2.5	0.5	0.1	0.4	0.2
去离子水	90	100	80	95	85

制备方法 按配方配比先将去离子水投入反应釜中，加热至45～55℃后将所述其他原料加入，同时要进行充分搅拌、保温直至全部混合均匀即可得到成品。

产品应用 本品主要应用于餐具洗涤。

产品特性 本品既适用于手工洗涤，也适用于餐具机械洗涤，特别在手工洗涤时既对皮肤无刺激、无毒，又去污力好、杀菌性较强，制备工艺简单，成本低廉，配方合理，用量小、安全性好且不会污染环境。

配方 43 环保型餐具洗涤剂

原料配比

原料	配比(质量份)				
	1#	2#	3#	4#	5#
烷基多糖苷	14	10	6	20	8
脂肪醇聚氧乙烯醚硫酸钠	5	3	10	1	6
十二烷基二甲基氧化胺	5	4	10	1	8
抗坏血酸	25	20	35	15	36
六偏磷酸钠	6	7	10	2	9
珊瑚粉	25	21	30	20	29
柠檬酸	15	13	20	10	18
去离子水	90	87	100	80	95

制备方法 按配方配比先将去离子水投入反应釜中，加热至50～60℃后将所述其他原料加入，同时要进行充分搅拌、保温直至全部混合均匀即可得到成品。

产品应用 本品主要应用于餐具洗涤。

产品特性 本品既适用于手工洗涤，也适用于餐具机械洗涤，手洗时对皮肤无刺激、无毒，制备工艺简单，成本低廉，生物降解迅速，使用后流入自然环境不致造成污染，且泡沫丰富、清洁去污能力强、稳定性较好，具有较好的社会效益。

配方 44 环保型餐具清洗剂

原料配比

原料	配比(质量份)		
	1#	2#	3#
天然椰子油脂乙氧基化物(COE)	15	30	25
十二烷基苯磺酸钠(LAS)	8	3	5
乙醇	20	10	15
乙二胺四乙酸四钠	1	0.1	0.6
柠檬酸三钠	5	10	8

续表

原料	配比(质量份)		
	1#	2#	3#
氯化钠	3	1	2
香精	5	1	3
水	60	40	50

制备方法 将柠檬酸三钠及氯化钠溶于热水中，然后加入其他各原料混合均匀即可。

产品应用 本品主要应用于餐具洗涤。

产品特性 本品采用新型的酯醚型非离子表面活性剂——天然椰子油脂乙氧基化物（COE）为主要的表面活性剂，对油脂增溶力强，具有良好的乳化性能，COE的结构为油脂与环氧乙烷加成所得，是非离子表面活性剂，所以其生物降解率接近100%，对环境友好，配以少量的十二烷基苯磺酸钠（LAS），刺激性小、易生物降解，同时生态毒性低，能够避免对环境的破坏，降低对皮肤的刺激性。

5 厨房洗涤剂

配方 1 冰柜洗涤剂

原料配比

原料	配比(质量份)		
	1#	2#	3#
活性氧化铝粉	8	9	10
硫酸亚铁	4	5	6
乙二醇甲醚	1	1.5	2
甲基硅油	3	4	5
曲酸	5	6	7
乳化蜡	7	8	9
硬脂酸	2	3	4
水	30	35	40

制备方法 将各原料混合搅拌均匀即可。

产品特性 本品能够去除冰柜内附着的油污和血迹，还能够起到杀菌消毒作用，满足人们的需求。

配方 2 冰箱清洗剂

原料配比

原料	配比(质量份)		原料	配比(质量份)	
	1#	2#		1#	2#
三乙醇胺	1.5	3	烷基芳基三甲基氯化铵	1	1.5
乙醇	18	15	香精	0.1	0.1
EDTA	0.3	0.2	去离子水	加至 100	加至 100
丙二醇	8	6			

制备方法 先将烷基芳基三甲基氯化铵加入一定量的去离子水中溶解均匀，然后加入三乙醇胺、乙醇、EDTA、丙二醇和香精，搅拌均匀即可。

产品特性 本品无毒且清洗杀菌效果好，能对附着的各种霉菌、细菌等微生物有强烈的抑杀作用，且可以有效去除冰箱内部的异味，能使冰箱内壁保持长时间的清洁。该产品具有很好的清洗杀菌效果，并且对去除冰箱异味有着明显的作用。

配方 3 茶粕粉洗涤剂

原料配比

原料	配比(质量份)				
	1#	2#	3#	4#	5#
茶粕粉	100	100	100	100	100
十二烷基硫酸钠	14	17	30	17	20
三聚磷酸钠	7	10	30	17	25
十二烷基苯磺酸钠	7	10	—	17	25
木粉	6	10	10	10	10
高岭土	3	—	—	6	10
双乙酸钠	0.3	0.5	0.4	0.3	0.4
富马酸二甲酯	0.3	0.2	0.4	0.4	0.4

制备方法 将各原料混合搅拌均匀即可。

原料介绍 所用的阴离子表面活性剂是十二烷基硫酸钠、三聚磷酸钠、十二烷基苯磺酸钠三种阴离子表面活性剂的组合物，其质量比为：十二烷基硫酸钠∶三聚磷酸钠∶十二烷基苯磺酸钠＝1∶(0.5～2.0)∶(0～2.0)；所用的摩擦料是过 40 目筛的木粉，或过 40 目筛的高岭土，或过 40 目筛的木粉和过 40 目筛的高岭土的混合物。

产品应用 本品主要应用于厨房餐厅清除油垢、餐具洗涤。

产品特性 本品茶粕粉中的茶皂素与阴离子表面活性剂产生协同效应，提高了对油垢的乳化和分散作用；利用了茶粕粉中的纤维颗粒物，通过添加木粉、高岭土，增强了对油垢的摩擦和吸附作用，提高了对油垢的清洗效果。加入双乙酸钠和富马酸二甲酯的混合物，并经微波处理，加速了茶粕粉中残油的分解，提高了茶粕粉的防霉效果和洗涤效果。该茶粕粉洗涤剂减少了化学表面活性剂的用量，降低了对环境的污染。

配方 4 抽油烟机洗涤剂

原料配比

原料	配比(质量份)		
	1#	2#	3#
异丙醇	2.6	5.4	3.2
十二烷基苯磺酸钠	1.3	3.7	2.3

续表

原料	配比(质量份)		
	1#	2#	3#
苯甲酸钠	2.9	4.2	3
钼酸钠	3.1	5.9	4.1
乙醇	0.7	2.3	1.5
EDTA	3.9	6.4	4.6
苯并三氮唑	1.7	5.2	3.5
脂肪醇聚氧乙烯醚	2.2	4.9	3.1
2-羟基膦酰基乙酸	3.4	6.1	4.6
油酸	3.9	7.4	4.3
三乙醇胺	0.1	0.6	0.5
去离子水	加至100	加至100	加至100

制备方法

(1) 在搅拌机中依次加入异丙醇、十二烷基苯磺酸钠、苯甲酸钠、钼酸钠、乙醇、EDTA、苯并三氮唑、脂肪醇聚氧乙烯醚、2-羟基膦酰基乙酸、油酸、三乙醇胺，最后加入去离子水；

(2) 搅拌均匀得洗涤剂成品。

产品应用 本品主要应用于抽油烟机洗涤。清洗方法包括以下步骤：

(1) 将所述洗涤剂装入喷雾瓶，在抽油烟机下方放置废液收集容器；

(2) 用喷雾瓶将洗涤剂喷向抽油烟机，然后用清水冲洗抽油烟机并晾干，即完成洗涤。

产品特性 本品能快速去除抽油烟机上的污垢，而且不会腐蚀机件，可使清洗后的抽油烟机表面洁净如新，清洗效率大于99%。

配方5 抽油烟机用中性环保水基清洗剂

原料配比

原料		配比(质量份)				
		1#	2#	3#	4#	5#
两性表面活性剂	椰油酰胺丙基甜菜碱(CAB)	5.25	3.0	9.75	7.5	12.0
	脂肪酸甲酯乙氧基化物的磺酸盐(FMES)	4.5	1.5	2.5	5.5	3.5
非离子表面活性剂	脂肪醇聚氧乙烯醚(AEO-9)	0.5	1.5	3.5	2.5	4.5
柠檬酸三钠		4.0	2.0	3.0	1.0	5.0
自来水		加至100	加至100	加至100	加至100	加至100
香精和色素		适量	适量	适量	适量	适量

制备方法

(1) 按配比将椰油酰胺丙基甜菜碱、脂肪酸甲酯乙氧基化物的磺酸盐、脂肪醇聚氧乙烯醚和柠檬酸三钠依次加入自来水中。

(2) 在室温下搅拌得到无色透明溶液，其为所述中性环保水基清洗剂。

(3) 如有需要，可按所配制清洗剂质量百分比的0.01%～0.2%加入香精和色素，搅匀，得到具有香味的清洗剂。

原料介绍 本品中的两性表面活性剂CAB具有易溶于水、去污力强、配伍性好、抗硬水性强、增稠性优良、对酸碱稳定、泡沫多和刺激性小等优良性能；两性表面活性剂FMES具有去污力强、耐强碱、分散性好、耐硬水和低温流动性等性能。该表面活性剂AEO-9不仅无毒、无刺激，而且乳化性、分散性、水溶性和去污性良好。所述的柠檬酸三钠可以有效降低钙、镁等离子的浓度，提高不耐硬水的表面活性剂的去污力，并调节溶液的pH值。

产品应用 本品是一种对抽油烟机表面的油污去污力强、无腐蚀，对人体刺激性小，配方简单、配制工艺和使用方法简便、成本低的抽油烟机用近中性环保水基清洗剂。

使用方法为：准备一塑料喷壶，将制得的清洗剂倒入喷壶。使用时，将该清洗剂喷射在油烟机油垢表面，清洗抽油烟机表面的普通油污时只需要喷洒清洗剂约15mL/m^2，润湿1～2min后，用抹布擦净即可；清洗抽油烟机表面的重油垢时则需要喷洒清洗剂约25mL/m^2，润湿4～5min后，再用抹布擦洗，反复几次即可。

产品特性 本品所使用的原料符合绿色环保要求，且均为廉价的工业原料，清洗废液易冲洗干净。

配方6 厨房抽油烟机洗涤剂

原料配比

原料	配比(质量份)	原料	配比(质量份)
脂肪醇聚氧乙烯	4～9	香料	1～3
乙酸钠	5～8	食品级山梨酸钠	3～10
烷基二甲基甜菜碱	1～3	碳酸钠	6～8
十二烷基硫酸钠	3～9	蒸馏水	100
苯酸钠	7～16		

制备方法 将各原料混合搅拌均匀即可。

产品特性 本品对人体安全无毒，清洗过程不刺激皮肤，能迅速、简便清除抽油烟机及各种厨具上的油垢，即使是黏着很牢固的油垢；清洗剂及清洗方式不损伤器具，使用方便，使用时只需向油垢上喷上少许，用布轻抹即可，无毒无腐蚀性，生产工艺简单，产品质量稳定。

配方 7 厨房用具洗涤剂

原料配比

原料	配比(质量份)		
	1#	2#	3#
烷基醚酯	20	10	15
椰油酰胺基甜菜碱	1.5	—	3
十二烷基丙基甜菜碱	1.5	3	—
脂肪醇聚氧乙烯醚	8	8	5
烷基苯磺酸钠	5	3	3
乙醇	10	12	15
尿素	1	2	2
香精	0.05	0.05	0.05
去离子水	52.9	56.9	56.9

制备方法 将烷基醚酯、椰油酰胺基甜菜碱、十二烷基丙基甜菜碱、脂肪醇聚氧乙烯醚、烷基苯磺酸钠、去离子水加入反应釜中搅拌加热 2～4h，其温度控制在 50～80℃，然后冷却至 40℃，加入乙醇、尿素、香精，继续搅拌 1h，取样检验，使其 pH 值为 7～8.2，最后包装成成品。

产品特性

(1) 本品对各种油污溶解高效快速，具有广泛性。

(2) 十二烷基丙基甜菜碱的使用，使本品具有良好的分散性，即对各种油污尘垢极易在本清洗剂和水配成的混合液中分解脱落。

(3) 本品无毒、无腐蚀、不刺激皮肤，不损伤厨房设备的外壳表面。

(4) 本品不燃不爆，使用安全、可靠。

配方 8 厨房用洗涤剂

原料配比

原料	配比(质量份)		
	1#	2#	3#
十二烷基苯磺酸钠	12	10	14
椰油脂肪酸二乙醇酰胺	6	4	7
丙二醇	3	4	2
氢氧化钠	2.5	2	3
香精	0.4	0.5	0.2
防腐剂	0.5	0.3	0.7
水	100	100	100

制备方法　将所述厨房用洗涤剂的各组分加入陶瓷容器中搅拌，搅拌30～50min，混合均匀后得到厨房用洗涤剂。

产品特性　本品使用效果好，少量的洗涤剂就可以达到反复擦拭的效果，避免造成浪费，所述洗涤剂的成分毒性小，不容易引发水污染，能有效缓解洗涤剂对环境的污染。

配方 9　厨房用清洗剂

原料配比

原料	配比(质量份)		
	1#	2#	3#
EDTA-2Na	3	8	5
硫酸钠	3	7	5
十二烷基磺酸钠	6	10	8
脂肪醇聚氧乙烯醚	5	9	7
正丙醇	2	6	4
有机改性蒙脱石	2.5	7	5.5
硬脂酸	2.7	6.5	4.2
硬脂酸钙	4.5	9	7.5
硅油	3.5	8	5.5
香精	5.5	9	7.5
表面活性剂	6.5	11	9

制备方法　将各原料混合搅拌均匀即可。

产品特性　本品能够有效地清洗厨房的污渍，同时加入了香精，香气宜人。

配方 10　厨房专用洗涤剂

原料配比

原料	配比(质量份)		
	1#	2#	3#
仲辛醇聚氧乙烯醚	3	6	4.5
聚乙烯醇	4	8	6
香精	3	5	4
过硫酸氢钾复合粉	2	6	4
碳酸钠	1	3	2
十八烷基二甲基苄基氯化铵	3	7	5
六聚甘油单辛酸酯	2	4	3
乙醇	1.5	4	2.7

续表

原料	配比(质量份)		
	1#	2#	3#
葡萄糖酸钠	2	4	3
焦磷酸钾	1	4	2.5
蔗糖脂肪酸酯	2	7	4
阴离子表面活性剂	6	10	8
水	30	30	30

制备方法 将各原料混合搅拌均匀即可。

产品特性 本品洗涤效果好，能够快速地清洗厨房内的污渍，并且具有一定的杀菌作用，可保持厨房内的环境卫生。

配方 11 厨卫洗涤剂

原料配比

原料	配比(质量份)	
	1#	2#
甘油	12	12
柠檬酸	15	15
碳酸钠	6	6
烷基苯磺酸钠	4	4
玫瑰提取精华	0.5	1
酸性焦磷酸钠	0.5	1
去离子水	15	20
纯碱溶液	0.5	2

制备方法

(1) 将下列物质加入反应釜中：甘油、柠檬酸、碳酸钠和烷基苯磺酸钠，加入过程中进行搅拌，搅拌速度为 10～12r/min，搅拌后进行加热，加热温度为 30～45℃；

(2) 将加热后的混合物进行静置，静置过程中缓慢加入玫瑰提取精华 0.5～1 份，静置时间为 30min～1.5h；

(3) 将静置后的混合物进行降温处理，降至温度为 15℃，降温后进行过滤；

(4) 按质量份向过滤后的混合物内加入下列物质：酸性焦磷酸钠、去离子水、纯碱溶液，加入过程中进行搅拌，搅拌速度为 20～24r/min；

(5) 将步骤 (4) 所得的混合物进行静置，静置过程中同时加热，加热温度低于 50℃，加热时间为 25min；

(6) 将静置后的混合物进行过滤，过滤速度为1～3L/min；

(7) 将过滤后的混合物进行加热，加热温度为35℃，加热后静置50min。

产品应用 本品主要应用于厨卫洗涤，可以广泛应用于餐炊具和灶台的洗涤、抽油烟机重油污的洗涤、厕所瓷砖和瓷质器皿等硬表面上重油污的洗涤等；使用时用擦布蘸水和洗涤剂，然后清洗表面有油污的餐炊具、灶台、瓷质器皿或者抽油烟机等，或者将洗涤剂溶于水后进行洗涤。

产品特性 本品去污力强、外观细腻、携带和使用方便，为弱碱性，对人体无害，相对其他液体洗涤剂和粉状洗涤剂来说，具有用量省的优点。

配方12 炊具洗涤剂

原料配比

原料	配比(质量份)	原料	配比(质量份)
十二烷基酚聚氧乙烯醚	5～7	高岭土	2～5
十二烷基苯磺酸钠	2～5	长石粉	40～50
脂肪醇聚氧乙烯醚	3～5	三聚磷酸钠	8～10
硫代琥珀酸钠	0.5～1.5		

制备方法 将各组分搅拌混合均匀，制成粉状产品，即可得本品炊具洗涤剂。

产品特性 本品对于炊具具有较强的去污效果，特别适用于清洗铝制品炊具上烘烤油脂和蛋白质残渣。

配方13 方便使用的清洗剂

原料配比

原料	配比(质量份)		
	1#	2#	3#
十八烷基二羟乙基氧化胺	36	30	45
助熔煅烧硅藻土	12	4	16
α-烯基磺酸钠	13	10	15
脂肪醇二乙醇酰胺	1.4	1	1.5
丙烯酸乙酯	11	10	12
纳米二氧化钛	21	15	25
去离子水	21	20	25

制备方法 将各组分原料混合均匀即可。

产品应用 本品主要用于餐炊具和灶台的洗涤、抽油烟机重油污的洗涤、瓷砖和瓷质器皿等硬表面上重油污的洗涤等。

产品特性 本品节水高效，能减少劳动量以及减少洗涤时间，而且成本低廉、使用安全。本品高温时具有较好的流动性，生产时可以将其装入特定的塑料容器中，占用体积小、去污力强和家庭使用方便，不含磷酸盐，去污效果不受温度和 pH 值的影响，溶于水或分散于水后润湿力强，发挥对油污的快速分散、渗透、乳化和洗涤作用，并防止油污再沉积，对人体无害，相对其他液体洗涤剂和粉状洗涤剂来说，具有用量省、节约包材的优点。

配方 14 粉体清洗剂

原料配比

原料	配比(质量份)	原料	配比(质量份)
α-烯基磺酸钠	71	碳酸钠	2
烷基磺酸钠	4.5	硫酸钠	3
烷基硫酸钠	4.5	过碳酸钠	1
脂肪酸甲酯磺酸盐	3.5	柠檬酸钠	2
烷基糖苷	4	羧甲基纤维素钠	2
蔗糖酯	2.5		

制备方法

(1) 按照比例将 α-烯基磺酸钠、烷基磺酸钠、烷基硫酸钠、脂肪酸甲酯磺酸盐、烷基糖苷、蔗糖酯、碳酸钠、硫酸钠、过碳酸钠、柠檬酸钠以及羧甲基纤维素钠加入研磨设备研磨，得到第一粉体混合物；研磨设备为超细研磨机，研磨 5 遍至粉体颗粒均匀。

(2) 将步骤 (1) 所得的第一粉体混合物加入搅拌釜，进行二次搅拌，至均匀，得到第二粉体混合物；搅拌设备为搅拌釜，搅拌时间为 60min。

(3) 将步骤 (2) 所得的第二粉体混合物振动过筛处理，得到粉体清洗剂产品。过筛处理为振动过筛，滤去不符合标准的粉体颗粒。

产品应用 本品主要用于餐具、果蔬、厨房设备、衣物、手、玻璃、地面、墙面、瓷面、家具、办公用品、电器外表、车船、机械、军械等重油污渍物品的清洗。

产品特性

(1) 本品是一种表面活性剂含量高、生物降解率高，便于储存和运输、适用性强，生产过程节约水资源且无废液产生的粉体清洗剂。

(2) 本品除油污能力强。

(3) 本品是完全、环境友好型产品，抑菌、不易变质变臭，为中性，不伤皮肤，对人体无害，适用面广。

配方 15 环保型家用油烟机清洗剂

原料配比

原料	配比(质量份)		
	1#	2#	3#
月桂酸酰二甲基丙烯酸胺	8	9	10
辣椒碱	1	1	1
氨基水杨酸钠	3	4	4
磷酸三钠	6	7	6
脱脂剂	2	3	2
防腐剂	1	1	2
增稠粉	1	1	1
苹果味香精	0.1	—	—
橘子味香精	—	0.2	—
柠檬味香精	—	—	0.1
去离子水	加至 100	加至 100	加至 100

制备方法

(1) 先清洗出能抽真空的反应釜，要求能满足加热至 90℃以上、能快速降温、密封良好，体积要求达到 150L，能观察到温度，搅拌速度能达到 3000r/min。

(2) 将月桂酸酰二甲基丙烯酸胺、辣椒碱加入反应釜中，加入适量水，加热搅拌，温度 80℃±2℃，搅拌速度在 2000r/min，保温搅拌 1h。

(3) 将氨基水杨酸钠、磷酸三钠加入适量的去离子水，搅拌溶解。

(4) 将脱脂剂混合配制好。

(5) 先将步骤 (3) 所得混合物加入反应釜中，搅拌 10min 后，将步骤 (2) 所得混合物加入反应釜中，搅拌 1h。

(6) 向反应釜中加入防腐剂、增稠剂、香精后，用余下去离子水清洗用过设备后加入反应釜。升温至 70℃±2℃，搅拌速度提高到 3000r/min，保温搅拌 1h。

(7) 降温至 25℃以下，抽真空，真空度控制在−0.07±0.01MPa，搅拌速度维持在 3000r/min，此状态下真空搅拌 2h，即可得到本产品。

原料介绍 所述的防腐剂为山梨酸钾、硝酸钠、对羟基苯甲酸丙酯、对羟基苯甲酸乙酯中一种或几种。

所述的脱脂剂为碱性脱脂剂，由异辛醇聚氧乙烯醚 (40%)、碳酸钠 (10%)、椰油酰胺丙基甜菜碱 (40%)、乙二胺四丙酸钠盐 (10%) 组成。所述的脱脂剂也可为乳液脱脂剂，由 EDTA (40%)、氢氧化镁 (5%)、三乙胺

(10%)、4-氯苯氧乙酸钠（40%）、乳化剂（5%）组成。所述的脱脂剂还可为溶剂脱脂剂，由硫酸钠（10%）、四氯乙烯（50%）、二乙三胺五乙酸（20%）、二巯基丙醇（20%）组成。

产品应用 使用方法：可以将本品直接加入带有喷嘴的容器中，直接喷散在需要清洁的部分，3～5min（时间可以适当延长效果更佳）后即可用水清洗，清洗大量油渍、顽固污渍，用刷子、抹布擦拭效果更佳；经常清洁、少量油渍情况下，可以1：20稀释后使用本品。

产品特性

(1) 本品能够去除抽油烟机上的顽固油污，效果明显，而且对金属油烟机也没有腐蚀作用，能够满足人们日常生活的需要、对健康清理油烟的需求。

(2) 本品能很好地去除污渍。

(3) 此清洗剂，泡沫少，易清洗。

(4) 本品在很好地去除油污同时气味芳香。

配方 16 去污洗涤剂

原料配比

原料	配比(质量份)		
	1#	2#	3#
咪鲜胺	4	8	6
纤维素粉	3	7	5
秦皮	2	6	4
大风子	3	5	4
乙二醇甲醚	3	7	5
硬脂酸	2	4	3
甲基硅油	3	6	4.5
4-氰基-3-甲基苯酚	1	3	2
十二羟基硬脂酸	2	6	4
二氯甲酚	4	6	5
无水偏硅酸钠	1	4	2.5
脂肪醇聚氧乙烯醚	2	7	4
碱性蛋白酶	0.5	2	1.3
碳酸钠	1	2	1.5
阴离子表面活性剂	6	10	8

制备方法 将各组分原料混合均匀即可。

产品应用 本品主要应用于厨房洗涤。

产品特性 本品去污效果好，形成洁净表面，并且成本低，性价比高。

配方 17 全植物中药洗涤剂

原料配比

原料	配比(质量份)			
	1#	2#	3#	4#
大米	15	15	10	20
无患子	15	15	20	10
红糖	10	10	8	12
金银花	—	7	—	—
水①	70	70	80	60
山茶油	6	6	5	7
烧碱	1	1	1.2	0.8
水②	4	4	5	3

制备方法

(1) 将大米粉碎，然后加入中药、发酵剂和水①，混合均匀，密封发酵 3 个月以上，过滤，得发酵液，所述中药包括无患子、金银花，所述发酵剂为红糖；

(2) 将植物油、水②和烧碱混合，充分搅拌，制得皂液，所述植物油包括椰油、菜籽油、山茶油等；

(3) 步骤 (1) 和步骤 (2) 所得发酵液和皂液混合，灌装即成。

原料介绍 无患子不仅可以增强洗涤功效，还具有一定的抗菌消炎功效。特别是采用将无患子等中药与大米一同发酵的工艺，可以使有效成分充分溶于洗涤液中，可提高洗涤效果和保健功效。添加金银花等成分，在提高产品抗菌消炎功效的同时，还可以使产品具有特有的香气。

产品应用 本品为厨房洗涤剂，也可用作洗衣液、洗手液、蔬菜水果及餐具清洗剂等。

产品特性 本品采用纯天然原料，未添加其他化学合成成分，对于人体皮肤的伤害比普通化学洗涤剂要小得多。

配方 18 食品玻璃容器洗涤剂

原料配比

原料	配比(质量份)	原料	配比(质量份)
85%的磷酸	15～25	硅酸钠	3～5
辛基酚聚氧乙烯醚	8～12	次氯酸钠	1～2
葡萄糖酸钠	25～35	二缩乙二醇单乙醚	1～2
十二烷基聚氧乙烯醚硫酸钠	10～15		

制备方法 将上述各组分搅拌混合均匀，即可制得本品食品玻璃容器洗涤剂。

产品应用 本品主要应用于织物洗涤。使用时，将上述食品玻璃容器洗涤剂加入水配制成8%～10%的水溶液，即可使用。

产品特性 本品具有抗硬水、杀菌等性能，去油脂力较强，可去除软饮料和啤酒瓶等食品玻璃容器上黏附的污垢，洗后玻璃瓶清亮、无水痕残留。

配方 19 万能强力去污清洗剂

原料配比

原料	配比(质量份)		
	1#	2#	3#
洗衣粉	50	50	50
白醋	20(体积份)	20(体积份)	20(体积份)
酒精	40(体积份)	40(体积份)	40(体积份)
水	500(体积份)	700(体积份)	1000(体积份)

制备方法 将配备好的白醋、酒精、水装入容器中搅拌均匀，然后加入洗衣粉混合均匀，得到清洗剂。

产品应用 本品主要是用于厨房、瓷砖地面、墙、油烟机、灶台面、洗碗盘等物上的油污、油烟等污垢以及卫生间瓷砖地面及墙、洗脸池、浴缸、马桶、便池上的水锈、油脂、尿碱等污垢清除的万能强力去污清洗剂。

使用方法：将清洗剂喷在污垢表面，让其充分润湿、渗透，几分钟后用干抹布将其抹去即可，其去污率可达100%。

产品特性

(1) 本品是一种既可去除酸性污垢又可去除碱性污垢，使用时即对人体、物件无腐蚀、无伤害，同时又可自己配制的万能强力去污清洗剂。

(2) 本品具有良好的去除油类及其酸性污垢、碱性污垢的能力。

配方 20 洗碗机用杀菌洗涤剂

原料配比

原料	配比(质量份)	原料	配比(质量份)
脂肪醇聚氧乙烯醚硫酸钠	2	二甲苯磺酸钠	11
复合钙皂分散剂	1	EDTA	4
二氧化氯	0.5	脂肪醇硫酸钠	3
硅酸钠	8	去离子水	100
柠檬酸钠	7		

制备方法 将各组分原料混合均匀即可。

产品应用 本品主要应用于洗碗机洗涤。

产品特性 本品具有消毒杀菌效果，具有储藏稳定性，不沉淀、不分层，具有低泡高效的特点，对不同类型的油污均有很强的清洗能力，洗涤时省时、省水。

配方 21 洗碗机用洗涤剂

原料配比

原料	配比(质量份)	原料	配比(质量份)
AES	25～30	乙酸钠	7～10
磺酸	4～8	烷基苯磺酸钠	2～3
柠檬香精	3～6	烷基酚聚氧乙烯醚	4～6
十二烷基硫酸钠	15～21	二丙二醇丁醚	1～6
烷醇酰胺	11～31	脂肪醇硫酸钠	2～4
甘氨酸	1～3	水	100
脂肪醇聚氧乙烯	3～8		

制备方法 将各组分原料混合均匀即可。

产品应用 本品主要应用于洗碗机洗涤。

产品特性 本品具有消毒杀菌效果，具有储藏稳定性，不沉淀、不分层，具有低泡高效的特点，对不同类型的油污均有很强的清洗能力，洗涤时省时、省水。

配方 22 新型多功能清洗剂

原料配比

原料		配比(质量份)		
		1#	2#	3#
五水偏硅酸钠和环氧化合物的混合物		16	15	28
聚乙二醇和蔗糖酯的混合物		6.5	5	9
蔗糖油酸酯		12	12	14
月桂基丙氨酸二乙醇胺盐		3	3	6
植物脂肪酸		17	15	17
去离子水		20	20	25
五水偏硅酸钠和环氧化合物的混合物	五水偏硅酸钠	1	1	1
	环氧化合物	1.5	1.5	1.5
聚乙二醇和蔗糖酯的混合物	聚乙二醇	1	1	1
	蔗糖酯	1.5	1.5	1.5

制备方法 将各组分原料混合均匀即可。

产品应用 本品主要用于厨房日常洗涤，还可广泛用于肉类、鱼类、动物内脏的洗涤以及水果、蔬菜的洗涤。

产品特性 本品原料易得，且配比和制作工艺简单，环保无污染；本品具有超强的吸附能力，能快速高效地吸附残留农药、食品表面细菌等有害物质，还能快速去除肉类、鱼类的各种异味，而且产品易于清洗，经清水冲洗后无残留。

配方 23 新型消毒安全洗涤剂

原料配比

原料	配比(质量份)		
	1#	2#	3#
脂肪酸甲酯磺酸钠和磺基琥珀酸酯钠盐的混合物	16	15	28
聚乙二醇和蔗糖酯的混合物	6.5	5	9
蔗糖油酸酯	12	12	14
月桂基丙氨酸二乙醇胺盐	3	3	6
甘油	17	15	17
去离子水	20	20	25

制备方法 将各组分原料混合均匀即可。

原料介绍 脂肪酸甲酯磺酸钠和磺基琥珀酸酯钠盐的混合物为1份脂肪酸甲酯磺酸钠和1.5份磺基琥珀酸酯钠盐混合而成。

聚乙二醇和蔗糖酯的混合物为1份聚乙二醇和1.5份蔗糖酯混合而成。

产品应用 本品不仅可用于厨房日常洗涤，还可广泛用于肉类、鱼类、动物内脏的洗涤以及水果、蔬菜的洗涤。

产品特性 本品的原料易得，且配比和制作工艺简单，环保无污染；本品具有超强的吸附能力，能快速高效地吸附残留农药、食品表面细菌等有害物质，还能快速去除肉类、鱼类的各种异味，而且产品易于清洗，经清水冲洗后无残留。

配方 24 用于厨房中硬表面清洗的膏体洗涤剂

原料配比

原料	配比(质量份)				
	1#	2#	3#	4#	5#
异构十醇聚氧乙烯(7)醚	1	—	—	—	—
异构十醇聚氧乙烯(8)醚	—	1	—	5	—
脂肪醇聚氧乙烯(7)醚	—	—	2	—	—
脂肪醇聚氧乙烯(9)醚	—	—	1	—	—

续表

原料	配比(质量份)				
	1#	2#	3#	4#	5#
脂肪酸二乙醇酰胺	—	—	—	—	4
脂肪酸甲酯磺酸钠	5	—	—	—	—
十二烷基苯磺酸钠	9.9	18.5	14.4	10	10
α-烯基磺酸钠	—	—	—	5	—
1,2-丙二醇	—	6	—	—	—
椰油酰胺丙基氧化胺	—	—	—	—	0.3
甘油	—	—	—	5	5
椰油酰胺丙基甜菜碱	0.5	—	—	—	—
十二烷基二甲基甜菜碱	—	—	—	—	0.5
脂肪醇聚氧乙烯醚硫酸钠	—	—	5	—	—
聚乙二醇 400	5	—	—	—	—
聚乙二醇 600	—	—	5	—	—
碳酸钠	16	14.41	24.44	14	—
碳酸钾	—	—	—	—	5
丙烯酸-马来酸共聚物	—	—	2	—	—
碳酸氢钠	10	10	—	10	23
4A 沸石	10	—	—	—	—
柠檬酸钠	—	2	—	5	5
葡萄糖酸钠	—	—	3	—	—
硫酸钠	—	—	16	—	—
EDTA-2Na	—	—	—	—	1
偏硅酸钠	4	5	—	—	—
滑石粉	—	—	—	—	20
聚丙烯酸钠	—	—	—	3	—
碳酸钙	10	10	—	—	—
膨润土	—	—	—	10	—
氯化钠	—	4.9	—	9	—
水	28	27	24	23	25
1,2-苯并异噻唑啉-3-酮	0.08	0.08	0.08	0.05	—
5-氯-2-甲基-4-异噻唑啉-3-酮	—	—	—	—	0.15
2-甲基-4-异噻唑啉-3-酮	—	—	—	—	0.05
香精	0.08	0.08	0.08	0.05	0.1
有机硅消泡剂	0.4	1	1	0.5	0.5
色素	0.04	0.03	—	0.4	0.4

1#制备方法：在具有搅拌、夹套保温、循环系统，并且带在线研磨的反应

釜中，开动搅拌后按配比依次加入80℃的热水、色素、十二烷基苯磺酸钠、脂肪酸甲酯磺酸钠、异构十醇聚氧乙烯（7）醚、椰油酰胺丙基甜菜碱、聚乙二醇400、碳酸钙、4A沸石、偏硅酸钠、碳酸钠、碳酸氢钠、有机硅消泡剂，加料完毕开动循环系统和研磨系统，在80℃温度下保温搅拌2h，加入香精，加入1,2-苯并异噻唑啉-3-酮，继续搅拌30min，停止循环，用泵将料浆打入储存罐，料浆全部打入储存罐后，开启压缩空气将储存罐的气压提高到0.2MPa，通过气压将料浆送至灌装设备，灌装后冷却至室温，即得可用于清洗厨房中各种餐炊具、灶台以及各种瓷砖、瓷质器皿和抽油烟机等硬表面上重油污的多用途、高固含量膏体清洗剂。本实例生产的膏体洗涤剂总固含量≥70%。

2#制备方法：在具有搅拌、夹套保温、循环系统（带在线研磨）的反应釜中，开动搅拌后按配比依次加入70℃的热水、色素、十二烷基苯磺酸钠、异构十醇聚氧乙烯（8）醚、1,2-丙二醇、碳酸钙、氯化钠、柠檬酸钠、偏硅酸钠、碳酸钠、碳酸氢钠、有机硅消泡剂，加料完毕开动循环系统和研磨系统，在70℃温度下保温搅拌4h，加入香精，加入1,2-苯并异噻唑啉-3-酮，继续搅拌1h，停止循环，用泵将料浆打入带保温的储存罐，料浆全部打入储存罐后，开启压缩空气将储存罐的气压提高到0.3MPa，通过气压将料浆送至灌装设备，灌装后冷却至室温，即得可用于清洗厨房中各种餐炊具、灶台以及各种瓷砖、瓷质器皿和抽油烟机等硬表面重油污的多用途、高固含量膏体清洗剂。本实例生产的膏体洗涤剂总固含量≥70%。

3#制备方法：在具有搅拌、夹套保温、循环系统（带在线研磨）的反应釜中，开动搅拌后按配比依次加入90℃的热水、十二烷基苯磺酸钠、脂肪醇聚氧乙烯醚硫酸钠、脂肪醇聚氧乙烯（7）醚、脂肪醇聚氧乙烯（9）醚、聚乙二醇600、硫酸钠、丙烯酸-马来酸共聚物、葡萄糖酸钠、碳酸钠、有机硅消泡剂，加料完毕开动循环系统和研磨系统，在90℃温度下保温搅拌1h，加入香精，加入1,2-苯并异噻唑啉-3-酮，继续搅拌40min，停止循环，用泵将料浆打入带保温的储存罐，料浆全部打入储存罐后，开启压缩空气将储存罐的气压提高到0.5MPa，通过气压将料浆送至灌装设备，灌装后冷却至室温，即得可用于清洗厨房中各种餐炊具、灶台以及各种瓷砖、瓷质器皿和抽油烟机等硬表面上重油污的多用途、高固含量膏体清洗剂。本实例生产的膏体洗涤剂总固含量≥70%。

4#制备方法：在具有搅拌、夹套保温、循环系统（带在线研磨）的反应釜中，开动搅拌后按配比依次加入60℃的热水、色素、十二烷基苯磺酸钠、α-烯基磺酸钠、异构十醇聚氧乙烯（8）醚、甘油、膨润土、氯化钠、柠檬酸钠、聚丙烯酸钠、碳酸钠、碳酸氢钠、有机硅消泡剂，加料完毕开动循环和研磨系统，在60℃温度下保温搅拌5小时，加入香精，加入1,2-苯并异噻唑啉-3-酮，继续搅拌30min，停止循环，用泵将料浆打入带保温的储存罐，料浆全部打入储存罐后，开启压缩空气将储存罐的气压提高到0.4MPa，通过气压将料浆送至灌装设备，灌装后冷却至室温，即得可用于清洗厨房中各种餐炊具、灶台以及各种瓷砖、瓷质器皿和抽油烟机等表面重油污的多用途、高固含量膏体清洗剂。本实例生产的膏体洗涤剂总固含量≥70%。

5＃制备方法：在具有搅拌、夹套保温、循环系统（带在线研磨）的反应釜中，开动搅拌后按配比依次加入70℃的热水、色素、十二烷基苯磺酸钠、脂肪酸二乙醇酰胺、椰油酰胺丙基氧化胺、十二烷基二甲基甜菜碱、甘油、滑石粉、柠檬酸钠、EDTA-2Na、碳酸钾、碳酸氢钠、有机硅消泡剂，加料完毕开动循环和研磨系统，在70℃温度下保温搅拌3h，加入香精，加入5-氯-2-甲基-4-异噻唑啉-3-酮、2-甲基-4-异噻唑啉-3-酮，继续搅拌50min，停止循环，用泵将料浆打入带保温的储存罐，料浆全部打入储存罐后，开启压缩空气将储存罐的气压提高到0.4MPa，通过气压将料浆送至灌装设备，灌装后冷却至室温，即得可用于清洗厨房中各种餐炊具、灶台以及各种瓷砖、瓷质器皿和抽油烟机等表面重油污的多用途，高固含量膏体清洗剂。本实例生产的膏体洗涤剂总固含量≥70%。

配方25 用于厨房重油污清洁的天然植物型清洗剂

原料配比

原料		配比(质量份)				
		1＃	2＃	3＃	4＃	5＃
天然柑橘类植物溶剂		35	25	30	35	35
植物油衍生物		50	45	40	40	35
表面活性剂	脂肪醇聚氧乙烯醚(AEO-3)	9	15	—	—	—
	脂肪醇聚氧乙烯醚(AEO-9)	6	—	—	—	—
	脂肪醇聚氧乙烯醚(AEO-7)	—	15	—	10	—
	脂肪醇聚氧乙烯醚(AEO-5)	—	—	10	—	—
	烷醇酰胺	—	—	5	—	10
	烷基糖苷0810	—	—	10	—	—
	烷基糖苷0814	—	—	—	10	—
	脂肪醇聚氧乙烯醚硫酸钠(AES)	—	—	5	5	5
	烷基糖苷1216	—	—	—	—	15

制备方法 按质量份数计依次加入天然柑橘类植物溶剂、植物油衍生物、表面活性剂，于反应釜中搅拌混合均匀即成。搅拌参数为80～300r/min的速度搅拌30～60min。

原料介绍 所述天然柑橘类植物溶剂是由柑橘类水果果皮经压榨或蒸馏而得到的精油。

所述植物油衍生物为由天然植物油脂经氢化反应得到的饱和脂肪族聚合物。

所述表面活性剂选自脂肪醇聚氧乙烯醚、烷醇酰胺（又称净洗剂6501）、烷基糖苷（APG）、脂肪醇聚氧乙烯醚硫酸钠（AES）中的两种或者两种以上；所用的脂肪醇聚氧乙烯醚可以选自AEO-3、AEO-5、AEO-7或AEO-9。

所述的柑橘类植物溶剂可以采用如下方式制备：将柑橘类果实经过果汁榨汁机后得到的混合物，或者榨汁后果皮经过机械过程得到的油水混合物，静置分层除去大部分水后，再经过两级精制离心分离即得该提取物；所述的植物油衍生物、表面活性剂等都是本领域已有的物质，可以用常规化学工艺制备，也可直接从市场上购买。

所述的植物油衍生物为大豆油、橄榄油、蓖麻油、椰油相应的加氢反应衍生物。

产品应用 本品主要是一种用在厨房重油污清洁中的清洗剂。尤其用于吸油烟机、风扇、灶台等重油污处的厚重、干结污渍的清洁，具有清洁快速、彻底、方便、省时省力的效果。

使用方法：将其喷在重油污的排气扇扇叶表面，均匀喷洒一层，静置5min后，用百洁布直接擦拭即可去除。

产品特性

（1）本品用在清洁厨房重油污上具有良好的清洁效果，并且环保、无污染、对人体无刺激性，温和无害。

（2）本品不使用对人体皮肤有害的苛性钠、碳酸钠、硅酸钠等碱性物质，也不使用对人体健康有害的乙醇、丙酮等具有有机毒性的成分，所得到的清洗剂呈中性，对人体皮肤无腐蚀、无损害，具有良好的使用安全性。

配方26 油污环保清洗剂

原料配比

原料	配比(质量份)	原料	配比(质量份)
AE	5～10	三聚磷酸钠	3～13
甲基纤维素	1～3	硫酸钠	2～6
碱性蛋白酶	0.01～0.02	香精	5～9
荧光增白剂	1～3	三乙醇胺	2～3
膨化粉	5～9	蒸馏水	100
十二烷基苯磺酸钠	2～8		

制备方法 将各组分原料混合均匀即可。

产品应用 本品主要是用于家庭清洗铝质水壶表面、不锈钢锅灶台面、抽油烟机风扇、液化气罐表面、窗玻璃等的油污环保清洗剂。

产品特性 本品用量少，清洗时间短，清洗温度低、去污率高、毒性低、刺激性小、对陈旧的黏稠油污去除能力强。

配方 27 油烟洗涤剂组合物

原料配比

原料	配比(质量份)				
	1#	2#	3#	4#	5#
水	60	68.8	72	75	69
十二醇聚氧乙烯醚硫酸钠	10	8	10	1	4
壬基酚聚氧乙烯(10)醚	12	5	12	8	12
脂肪醇聚氧乙烯醚	12	13	3	13	9
三乙醇胺	4.3	5	1.4	1	5
香精	1	0.1	0.6	1	0.5
EDTA	0.7	0.1	1	1	0.5

制备方法 在反应罐中加入水，打开反应罐蒸汽阀门，反应罐夹层进蒸汽，使反应罐内升温至 50℃，打开反应罐进料孔，投入 EDTA，搅拌 20min，投入十二醇聚氧乙烯醚硫酸钠、脂肪醇聚氧乙烯醚以及壬基酚聚氧乙烯（10）醚，关闭反应罐进料孔，搅拌 30min，关闭反应罐蒸汽阀门，打开反应罐循环冷却水进出阀，向反应罐夹层进冷却水，使反应罐内降温至 30℃，关闭反应罐循环冷却水进出阀，并维持反应罐内温度，打开反应罐进料孔，投入三乙醇胺，搅拌溶解 30min，投入香精，关闭反应罐进料阀，搅拌 20min，即制得。

产品应用 本品主要应用于清洗厨房操作台面、墙面、窗户、纱窗、燃气灶具上的油垢。

产品特性

（1）本品去污能力强，尤其对抽油烟机长期沉积的油污及油烟中的其他成分有特别的去除效果，且气味清新、不伤物品，安全环保、不污染水源。

（2）油烟洗涤剂组合物的制备方法简单，容易实施，工艺稳定，且制得的油烟洗涤剂组合物成分均匀。

配方 28 植物提取物型洗涤剂

原料配比

原料	配比(质量份)		
	1#	2#	3#
黄米粉	15	10	20
脱脂小麦胚芽饼粉	8	10	5
冬瓜粉	5	8	3

续表

原料	配比(质量份)		
	1#	2#	3#
小苏打	6	8	5
柠檬烯	4	5	3
盐水	62	59	64

制备方法 将上述质量份的盐水加入反应釜中，加温至40～50℃，搅拌状态下加入黄米粉，待溶解后再缓慢加入脱脂小麦胚芽饼粉，溶解后加入冬瓜粉，随后加入柠檬烯，最后再加入小苏打，搅拌30min，制为成品。

产品应用 本品主要应用于厨房厨具以及家具的洗涤。

产品特性 本品经纯天然物质配料制备而成，其中柠檬烯是一种天然除污、去油物质，可以与水以任意比例混配，可降解，无污染；同时黄米粉和脱脂小麦胚芽饼粉不仅具有较强的去除植物油和动物油功能，同时也不会损伤皮肤。

参考文献

中国专利公告

CN-201810833173.X
CN-201810815921.1
CN-201810819563.1
CN-201810802021.3
CN-201810778361.7
CN-201810755730.0
CN-201810759126.5
CN-201810758344.7
CN-201810722096.0
CN-201810712257.8
CN-201810712260.X
CN-201810720708.2
CN-201810696468.7
CN-201810673317.X
CN-201810666617.5
CN-201810664703.2
CN-201810636420.7
CN-201810627103.9
CN-201810612935.3
CN-201810614188.7
CN-201810613573.X
CN-201810614211.2
CN-201810614190.4
CN-201810612694.2
CN-201810565888.1
CN-201810519127.2
CN-201810492101.3
CN-201810487200.2
CN-201810479576.9
CN-201810470587.0
CN-201810471911.0
CN-201810379094.6
CN-201810369802.8
CN-201810367932.8
CN-201810364019.2
CN-201810408231.4
CN-201810308451.X
CN-201810304294.5
CN-201810299900.9
CN-201810255861.2
CN-201810242463.7
CN-201810208835.4
CN-201810207789.6
CN-201810207323.6
CN-201810127976.3
CN-201810128965.7
CN-201810127987.1
CN-201810122746.8
CN-201810095896.4
CN-201810062401.8
CN-201810042374.8
CN-201810039521.6
CN-201810035061.X
CN-201711459823.0
CN-201711438910.8
CN-201711431900.1
CN-201711418073.2
CN-201711414885.X
CN-201711414884.5
CN-201711408584.6
CN-201711393088.8
CN-201711386903.8
CN-201711371103.9
CN-201711381055.1
CN-201711372842.X
CN-201711373391.1
CN-201711368048.8
CN-201711356214.2
CN-201711337798.9
CN-201711298964.9
CN-201711283120.7
CN-201711270417.X
CN-201711269516.6
CN-201711267166.X
CN-201711260326.8
CN-201711233703.9
CN-201711233704.3
CN-201711234746.9
CN-201711234756.2
CN-201711234541.0
CN-201711234543.X
CN-201711234715.3
CN-201711234593.8
CN-201711241707.1
CN-201711244164.9
CN-201711244168.7
CN-201711228978.3
CN-201711230921.7
CN-201711230120.0
CN-201711230669.X
CN-201711225951.9
CN-201711200503.3
CN-201711179593.2
CN-201711125544.0
CN-201711121865.3
CN-201711117427.X
CN-201711102853.6
CN-201711104056.1
CN-201711089485.6
CN-201711084931.4
CN-201711051439.7
CN-201711036456.3
CN-201711042084.5
CN-201710925884.5
CN-201710918177.3

CN-201710919825.7
CN-201710937695.X
CN-201710907337.4
CN-201710906656.3
CN-201710882658.3
CN-201710874463.4
CN-201710875222.1
CN-201710874472.3
CN-201710873729.3
CN-201710877936.6
CN-201710858825.0
CN-201710858533.7
CN-201710830207.5
CN-201710825713.5
CN-201710828437.8
CN-201710822251.1
CN-201710808676.7
CN-201710808663.X
CN-201710806286.6
CN-201710776686.7
CN-201710774746.1
CN-201710745941.1
CN-201710725335.3
CN-201710704933.2
CN-201710705379.X
CN-201710695757.0
CN-201710668912.X
CN-201710661186.9
CN-201710636515.4
CN-201710621277.X
CN-201710621338.2
CN-201710615191.6
CN-201710590652.9
CN-201710589501.1
CN-201710506580.5
CN-201710506318.0
CN-201710506160.7
CN-201710503378.7
CN-201710502636.X
CN-201710497644.X
CN-201710497618.7
CN-201710498361.7
CN-201710471542.0
CN-201710457150.9
CN-201710452676.8
CN-201710450597.3
CN-201710451136.8
CN-201710450598.8
CN-201710444531.3
CN-201710433113.4
CN-201710416785.4
CN-201710406719.9
CN-201710401806.5
CN-201710394857.X
CN-201710394872.4
CN-201710394873.9
CN-201710381982.7
CN-201710363033.6
CN-201710358125.5
CN-201710351044.2
CN-201710350847.6
CN-201710352063.7
CN-201710355746.8
CN-201710338325.4
CN-201710304558.2
CN-201710298953.4
CN-201710298952.X
CN-201710267918.6
CN-201710267928.X
CN-201710252696.0
CN-201510381580.8
CN-201510211472.6
CN-201510207659.9
CN-201510071974.3
CN-201510381595.4
CN-201510454529.5
CN-201510211444.4
CN-201510180245.1
CN-201510006050.5
CN-201510211459.0
CN-201510138792.3
CN-201510174565.6
CN-201510620931.6
CN-201510005484.3
CN-201510211436.X
CN-201510643373.5
CN-201510180307.9
CN-201510005495.1
CN-201510743067.9
CN-201510125577.X
CN-201510174530.2
CN-201510469902.4
CN-201510177285.0
CN-201510215775.5
CN-201510211473.0
CN-201510711139.1
CN-201510539501.1